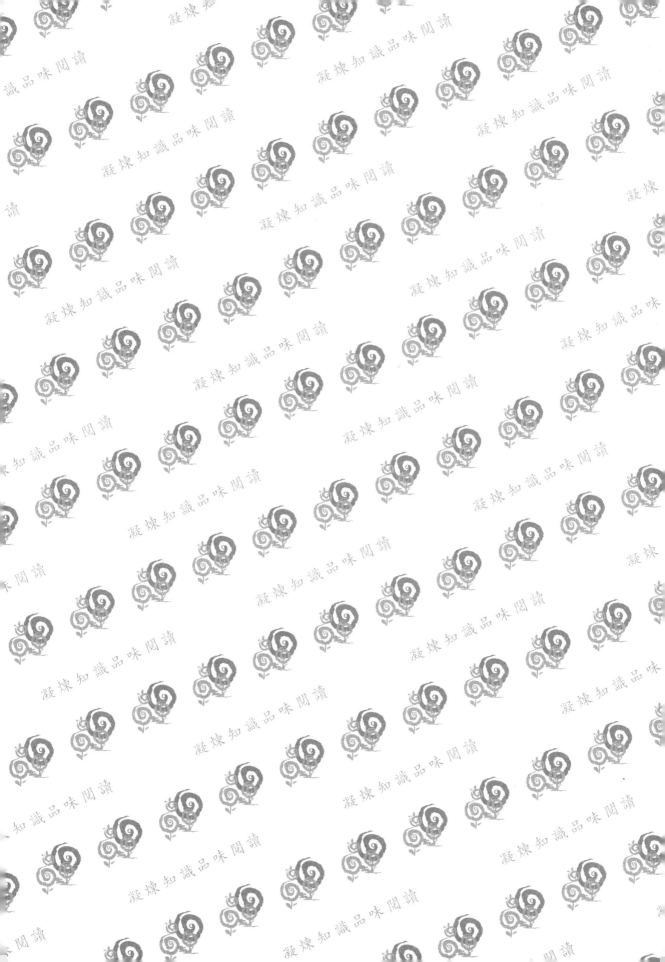

公園綠地
樹木害蟲與
維護管理

五南圖書出版公司 印行

唐立正
編著

CONTENTS · 目錄

第六章	鱗翅目害蟲　097

CHAPTER 1

昆蟲外部形態概論

　　昆蟲與蝦子、螃蟹、蜈蚣、馬陸及蜘蛛等常見的動物都是屬於節肢動物。早在古生代的泥盆紀，距今 3 億 5 千萬年前所發現的化石紀錄中，即有牠的存在，比起人類出現在這個地球上，僅 1 百萬年的歷史，早了好幾百萬年。經歷長時間的演變，現今的昆蟲種類非常繁多，據估計約有 200 萬種以上，占所有動物種類的四分之三，而每年不斷地有新種被發現。日常生活中，昆蟲與人類關係也非常密切，例如：蚊、蠅的傳播疾病；害蟲危害農作物，造成農作物的損失等；又如，蜜蜂傳播花粉，許多植物得以繁殖，而牠們所釀製的蜂蜜，也是一種天然的美食；其亮麗的色彩或奇特的外形，也增添人們觀賞大自然的另一景象。但是，昆蟲到底是一個怎樣的動物呢？這就是我們今天所要介紹的主題。由於昆蟲相當複雜的變異，因此，僅就昆蟲的外部形態和內部構造作一介紹，以便對昆蟲有更深一層的了解。

壹、昆蟲的定義

　　若給昆蟲下一個簡單的定義：「昆蟲」體軀被幾丁質外骨骼的表皮所包圍，表皮主要成分是幾丁質，此外還含有蛋白質、脂質和其他的化合物，共同組成一質地強韌而具彈性的構造。體軀與足都是由許多環節連接而成，可以明顯的區分為頭、胸、腹 3 個部分（圖 1.1），在胸部的背方著生有兩對翅（或 1 對或完全退化），另外，在胸部的側腹方著生著 3 對足，也就因此昆蟲又被稱為六足總綱的動物。其呼吸靠氣管系統，血液不運送氧氣屬開放式循環，發育過程經蛻皮及「變態」完成生活史。

圖 1.1　蝗蟲外部形態

貳、昆蟲外部各種構造

一、頭部

昆蟲的頭部位在體軀的最前端，至少由 6 個體節癒合而成的，外表上通常具有觸角 1 對、複眼 1 對、單眼 0～3 個，和口器 1 組等。

今介紹如下：

(一) 觸角：1 對，由許多的環節連結而成，基本構造可分為柄節、梗節、鞭節及錘節等部分，可以活動。它的上面有很多感覺構造，具有觸覺、嗅覺、聽覺及幫助交尾等特殊功能（圖 1.2、圖 1.3）。

1. 絲狀：由基部到末端各節粗細一致，如椿象、蝗蟲。

2. 鞭狀：基部較粗，其後各截至末端漸細，如蜻蜓、蟬。

3. 念珠狀：每節呈圓球狀，相連狀似串珠，如白蟻。

絲狀　　　　　　　　鞭狀　　　　　　　　念珠狀

鋸齒狀　　　　　　　櫛齒狀　　　　　　　雙櫛齒狀

▌ 圖 1.2　常見昆蟲觸角

時針狀	棍棒狀	鑲毛狀
膝狀	羽狀	不正形
鰓葉狀	球桿狀	

圖1.3　常見昆蟲觸角

4. 鋸齒狀：節之一側伸出三角形突起，各節相連呈鋸齒，如螢火蟲成蟲。

5. 櫛齒狀：每節之一側伸出長分支，有如梳子的櫛角，如叩頭蟲及赤翅蟲雄蟲。

6. 羽狀：每節兩側著生長分支，狀似羽毛，如蠶蛾科雄蛾，用以接收雌蛾之性費洛蒙進行交尾。

7. 鑲毛狀：各節著生細毛，呈環狀排列用以接收音波，如雄蚊。

8. 球桿狀：末端幾節膨大，其餘各節粗細一致如高爾夫球桿，如埋葬蟲或郭公蟲。

9. 棍棒狀：由基部到末端逐漸膨大有如球棒，如蝴蝶觸角。

10. 鰓葉狀：末端數節成葉狀緊密相疊，如金龜子。

11. 膝狀：基部第一節較粗長，其餘各節緊密相接與其成一角度，如蜜蜂、螞蟻。

12. 時針狀：兩端尖細，中央膨大，有如時鐘指針，如一種地膽或一種碩緣椿。

13. 不正形：形狀奇特，無法形容，如蒼蠅。

(二) 眼：為體壁成分，透明光線可穿透，可分單眼和複眼兩種。

1. 單眼：具 0〜3 個，位在額區呈倒三角形排列，可分為一個中單眼及兩個側單眼。它的構造簡單，形體細小，僅能近視物體，辨別物體的明暗及感境中光的強弱，有輔助的功能（圖 1.4、圖 1.5）。

2. 複眼：通常只有 1 對，位在昆蟲頭部的兩側，大而易見，它是由許多小眼集合而成，是昆蟲的主要視覺器官，可辨別物體之形狀大小。但有些昆蟲具對複眼，如烏蜉蝣雄蟲具有柄及無柄複眼，豉甲蟲具有上複眼及下複眼。

▎圖 1.4　蟬成蟲的背單眼

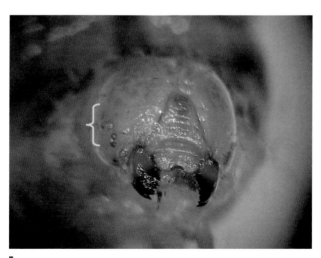

▎圖 1.5　金龜子幼蟲側單眼

(三) 口器：為昆蟲的取食器官，基本上是由上、下脣，1 對大顎，1 對小顎，和上、
下咽頭 6 部分所組成。今以蝗蟲的口器為例，牠的口器屬於一種咀嚼式口器，
位在頭部下方，最上方為一片上脣，在取食的時候能將食物置於最適合的位
置；上脣後方著生一對大顎，是主要切割食物及磨碎食物的區域；再後方為一
對小顎，具有觸覺、味覺，和輔助大顎咀嚼的功用；最後的部分是一片下脣；
另外，在上脣的內面著生著具有感覺功能的上咽頭，而下咽頭的部分為頭部腹
面膜質突起，位在下脣基部，受左右大、小顎扶持的囊狀物（圖 1.6、圖 1.7）。

圖 1.6　蝗蟲上脣

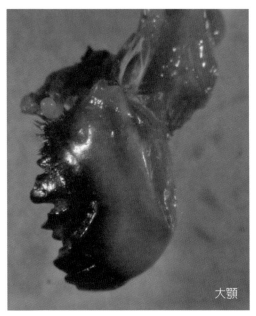

圖 1.7　蝗蟲大顎

口器依昆蟲食性的不同，在構造上亦發生很大的差異，可分為以下種類（圖
1.8）：

1. 刺吸式：如蚊子的口器由上脣上咽頭、下脣下咽頭、1 對大顎及 1 對小顎共
   6 根針嵌合特化成一組針刺狀，以適於吸血。另外，半翅目昆蟲如蟬或蚜蟲
   則由 1 對大顎及 1 對小顎共 4 根針嵌合特化成 1 組針刺狀的口器以適合刺吸
   植物的汁液。

2. 咀吸式：如蜜蜂的口器，有 1 對大顎負責咀嚼及下脣特化的中舌用來吸取花
   蜜。

3. 舔吮式：家蠅口器能吸液體物料，能吸經唾液溶解之物質，也能經口孔而攝取小顆粒物體，結構甚為複雜。吻部長大，平時部分縮入頭內，取食時由於身體之壓縮使其體液充於吻部之空間，氣管及氣囊均充滿空氣，故口吻得以伸張。吻部由口喙、口吻及口盤 3 部組成。

4. 曲管式：上脣與大顎退化，下脣僅存下脣鬚，口吻由 2 小顎之外瓣延長嵌合而成食管，不用時捲曲如鐘錶內的彈簧，如蝶蛾類之口器。

刺吸式

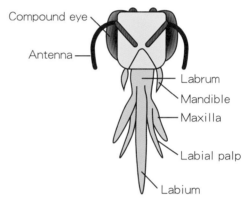

咀吸式

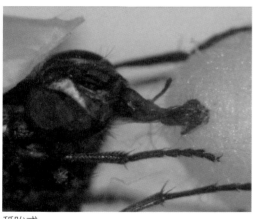

舔吮式

曲管式

▌ 圖 1.8 昆蟲不同口器

二、胸部

昆蟲的胸部位在頭部與腹部之間，由前胸、中胸和後胸 3 個胸節所組成，每一

胸節是由背板、側板和腹板所構成，有翅昆蟲的中、後胸癒合爲生翅胸，著生有兩對翅，依其生活的適應而產生各種特化。在其每節的側腹方，則各著生著一對足，依生活環境之不同也特化產生不同的功用。

(一) 翅：翅是有翅昆蟲的飛行器官，具有兩對或一對，著生於中胸者爲前翅，後胸者爲後翅。翅爲一膜質構造，其上有許多縱向、橫向的翅脈。各種不同的昆蟲，其翅有許多特化的情形，如蝗蟲的前翅呈革質的翅覆，具保護後翅的功能，但不具飛行作用，而後翅呈扇形，是主要的飛行翅。

翅之特化（圖1.9）

1. 翅鞘（Elytra）：如鞘翅目昆蟲，前翅角質化，以保護後翅及腹部之用，如隱翅蟲。

2. 半翅鞘（Hemielytra, Hemelytra）：如半翅目昆蟲，其前翅基部角質化，後半部仍呈膜質，如椿象。

3. 平均棍（平衡翅）（Balancer, Halteres）：如雙翅目昆蟲，其後翅退化而呈棍棒狀，如蒼蠅、蚊子。

4. 假平均棍（Pseudohalteres）：如撚翅目之雄者，其前翅退化，形如棍棒稱之。

5. 翅覆（Tegmina）：如直翅目昆蟲，其前翅較爲肥厚堅硬如革質，如蝗蟲。

6. 扇狀翅（Fan-like wing）：多數昆蟲之翅，形同扇狀。有呈固定扇狀（Fixed fan-like）者，如蝶、蛾、蜉蝣類之翅是；有呈折疊扇狀（Folding fan-like）者，如蝗蟲等之後翅是。

7. 鱗翅（Scale-wing）：如鱗翅目昆蟲等，其翅上具鱗片者稱之，如蝴蝶及毒蛾。

8. 膜翅（Membranous wing）：如膜翅目昆蟲，其翅呈膜質狀稱之，如蜜蜂及胡蜂。

9. 纓翅（Fringed wing）：如纓翅目昆蟲，形狹長，翅具纓狀毛稱之，如薊馬。

(二) 足：昆蟲具有足3對，分別位於3個胸節，稱爲前足、中足和後足，通常著生在胸節的側腹方。其基本上是由基節、轉節、腿節、脛節和跗節等構造所組成。然而爲了適應各種不同的生活環境，各節常會產生了不同的變異。

翅鞘

翅覆

半翅鞘

纓翅

扇狀翅及鱗翅

平均棍

圖 1.9 不同特化翅膀

足有 3 對，分別位於前、中及後胸之側區，基本結構為（圖 1-10）：

1. 基節：與胸側板相接處稱為基節，窩短而寬。

2. 轉節：位於基節之後，一般較細小，通常為一節。

3. 腿節：位於轉節之後，為 5 節中最發達者，以跳躍足的最明顯。

4. 脛節：前連腿節、下接跗節，一般細瘦且背方有一排或二排刺狀的脛距。

5. 跗節：連接於脛節之後，由 1～5 節組成，近體端者為第一跗節，經常有特
   化，以執行特殊的功能。在其末端（遠體端）有爪 1～3 個。

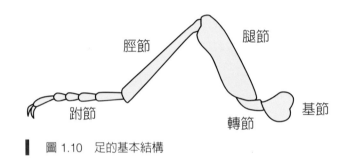

圖 1.10　足的基本結構

足的種類及功用（圖1.11）

1. 開掘足（Digging legs）：螻蛄及某些金龜子。

2. 跳躍足（Jumping legs）：蝗蟲、蟋蟀、跳蚤的後足。

3. 攜粉足（Pollen-carring legs）：第一跗節內側有等長之櫛狀齒數排，稱為化
   粉梳；脛節末端底方，如蜜蜂的後足。

4. 步行足（Running or walking legs）：一般細長，虎甲蟲、步行蟲的足。

5. 攀緣足（Climbing legs）：人蝨、獸蝨等。

6. 游泳足（Swimming legs）：有刷狀長毛適合游泳，如龍蝨。

7. 捕捉足（Capturing legs）：螳螂及紅娘華等的前足。

8. 黏附足（Sticking legs）：能分泌黏液以便倒懸行走於光滑物體上，如家蠅
   及香焦假莖象鼻蟲等。

9. 懸垂足（Suspending legs）：擬大蚊等。

10. 把握足（Holding legs）：龍蝨雄者的前腳。

11. 清潔足（Cleaning legs）：腳之脛節末端後側，如蜜蜂、螞蟻的前足。

步行足

捕捉足

開掘足

游泳足

把握足（吸盤）

攜粉足

　圖 1.11　不同特化足式

12. 紡織足（Spinning legs）：紡足目昆蟲，內有絲腺以營巢室。

其他如蚤蝨、蟋蟀之聽器在其脛節，有聽覺之用。

三、腹部

昆蟲的腹部通常有 11 節，但也有增加或減少的情形發生。除了少部分的昆蟲腹部仍存有附器之外，一般的昆蟲腹部僅在末端具有外生殖器和一對具感覺功能的尾毛。此外，在每一腹節的兩側具有氣孔一對，是為呼吸器官的開口，少數的水生昆蟲則產生一些特化的呼吸管，如蚊子幼蟲孑孓有腹鰓及尾鰓等幫助呼吸（圖1.12）。

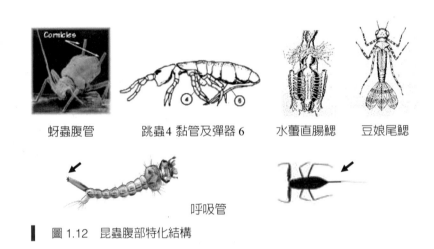

蚜蟲腹管　　跳蟲4 黏管及彈器 6　　水薑直腸鰓　　豆娘尾鰓

呼吸管

▍ 圖 1.12　昆蟲腹部特化結構

參、內部構造

昆蟲的體形雖很小，但是維續生命所需的各個系統，如消化、呼吸、循環、排泄、神經、生殖、和肌肉等系統，在其體內同樣地存在。至於它們的構造、功能今介紹如下：

一、消化系統

昆蟲的化消化系統是負責食物消化和營養吸收的場所，為一位於體腔中間的管狀構造。可分為前腸、中腸、後腸 3 部分，自口至肛門，貫穿整個身體。前腸和後腸為體表內陷所形成，所以構造上與表皮相類似；而中腸具有分泌食物和吸收醣類、蛋白質、微生物、礦物質及水的功能，為主要的消化吸收區域。前腸又可依序

區分爲咽頭、食道、嗉囊和砂囊等4部分；後腸則包括了迴（小）腸、結（大）腸、和直腸等部分，白蟻的後腸則有纖毛蟲共生幫助其消化纖維質。另外，中腸最前端有盲囊的存在，後腸近中腸外有馬氏管的著生，此兩特徵可做爲在外表上區分前、中、後腸的一個依據（圖1.13）。

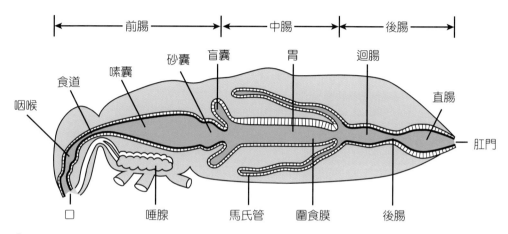

圖 1.13　昆蟲模式消化道結構

二、呼吸系統

昆蟲的呼吸系統又被稱作氣管系統（圖1.14），爲一連串的管狀構造，主要負責氣體的輸送。由氣孔往內，先是較粗大的氣管幹，經由一再分支而形成微氣管，直接深入組織間，將呼吸所需的氧氣，直接自體外輸送到組織內。同時，經代謝所產生的二氧化碳，亦依循相反的路徑排出體外。昆蟲之呼吸器官，由外胚層所形成。水棲昆蟲的幼期，以體壁或鰓等爲之；大多數昆蟲則藉其分布體內之氣管，以行呼吸作用。氣管系甚爲複雜，自氣孔起之氣管幹，一再分支，最終由微氣管直接至各細胞間或小細胞群組織內。全部或大部氣管系的表皮部分，於脫皮時隨體壁表皮同時脫離。而氣管系統也是燻蒸性殺蟲劑進入昆蟲體內殺死害蟲的管道。

三、循環系統

昆蟲的循環系統位在身體的背方，稱之爲背管，負責血液的輸送。背管的後部靠翼狀筋之收縮而具有搏動能力（稱爲心臟），藉著它的搏動而將血液往前推送，

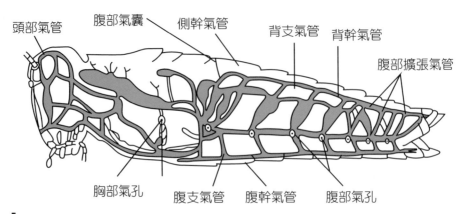

頭部氣管　腹部氣囊　側幹氣管　背支氣管　背幹氣管　腹部擴張氣管　胸部氣孔　腹支氣管　腹幹氣管　腹部氣孔

圖 1.14　昆蟲模式氣管結構

經由大動脈前方出口而進入體腔中，因其不在固定的血管內循環，故屬於一種開放式循環系統（圖 1.15）。昆蟲內臟全部進在外骨骼所包圍的血腔中，並由背隔膜及腹隔膜分隔為背血腔、內臟血腔及腹血腔。血液循環至全身並回到體腔後方再經由心臟側面的心管縫而進入心臟，如此不斷的循環。

　　昆蟲受傷後的傷口癒合可藉由血液之凝結來達成，昆蟲血液經與空氣接觸後，常有凝結現象，藉此凝結情形而可分為下列 4 型：

1. 無凝結現象：同翅目、鞘翅目、鱗翅目、膜翅目等部分昆蟲是。
2. 血漿凝結者：半翅目、同翅目、鞘翅目及鱗翅目等部分皆是。
3. 血球膠著：直翅目、同翅目、鞘翅目、鱗翅目、同翅目及雙翅目等部分昆蟲是。
4. 血漿凝結、血球膠著者：螭目（Phasmida）之 *Carausius* 屬與直翅目之 *Acheta* 屬昆蟲。

血液之機能

1. 機械的作用，維持普通體壓。
2. 貯存機構之一。
3. 主要運輸系統。
4. 免疫及防禦機能。
5. 癒合創傷。
6. 呼吸作用。

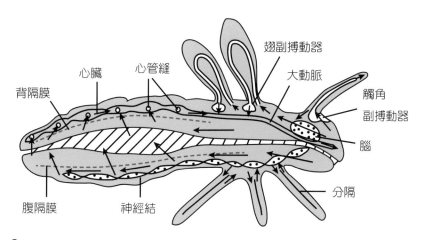

圖 1.15　昆蟲模式循環系統結構

四、排泄系統

　　昆蟲主要的排泄系統為馬氏管。它位在中、後腸的連接處，呈細長柔軟的管狀物。基部固著於後腸的前端，而開口於腸腔內，其另一端封閉，自由浸漬於體液內。馬氏管數目隨昆蟲種類的不同而有變異。它的功用是能利用擴散作用或主動吸收的方式，吸收體液中經代謝所產生的含氮廢物，在管腔內將其轉換成低毒性的尿酸，在此同時將多餘的水分和有用的無機鹽類行再吸收作用而回到體腔內。而形成的尿酸最後輸入消化道中，與食物殘渣一同排出體外。

五、神經系統

　　昆蟲的神經系統主要是由位於頭殼內的腦，和位於腹面的腹神經索所構成的中央神經系，連結相關連的內臟神經系和皮下神經系等部分所組成。三者相互關連，感受和傳達各種來自體內外的刺激，並產生適當的反應，藉以協調一個個體各種有關生存的活動（圖 1.16）。

(一)腦

　　1. 前大腦：占腦之大部分，司發神經作用於複眼及單眼。前大腦又分前大腦葉及視神經葉。

　　2. 後大腦：主由觸角葉或嗅覺葉所組成，司發神經作用於觸角。

3. 第三大腦：連接於後大腦之背葉，呈分離的二小葉。

4. 食道下神經球：為頭部腹方神經球中樞，亦由第 3 對原始神經球癒合而成，並各發出一對神經分別通至各節的副器上。

5. 腹神經索：在胸部與腹部的腹面，有一列神經球。

6. 胸神經球：主司行動器官。

7. 腹神經球：幼蟲具有 8 個，但通常較少。末端神經球則最少為 3 個神經球集合而成。

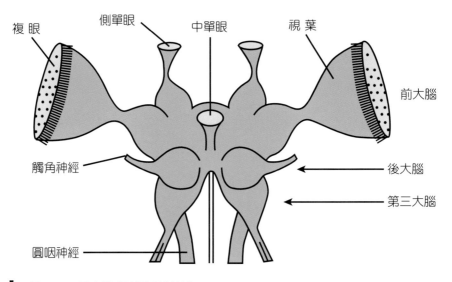

圖 1.16　昆蟲模式神經系統結構

六、生殖系統

昆蟲生殖系統的構造與形狀變異很大，在基本上的構造則包括下列各部分（圖 1.17）：

昆蟲雌雄生殖器官各部對照表（Imms, 1957）

雄性	雌性
1. 精巢（Testis）一對，由微精管（Testicular follicle, Testicular tubes）組成	卵巢（Ovaries）一對，由微卵管（Ovarioles, Ovarian tubes）組成
2. 輸精管（Vasa deferentia, Seminal ducts）一對	輸卵管（Oviducts）一對

雄性	雌性
3. 貯精管（Vesicula seminalis）。	貯卵囊（Egg calyces）。
4. 射精管（Ejaculatory duct）。	輸卵總管（Common oviduct）及陰道（Vagina）。
5. 副腺（Accessory glands）：a. 中胚腺（Mesadenia）。b. 外胚腺（Ectadenia）。	副腺（Accessory glands）：護卵腺（Colleterial glands）。
6.	受精囊交尾囊（Bursa copulatrix）
7. 外生殖器（Genitalis）：陽具（Penis）及其附屬器（Accessory appendages）。	外生殖器（Genitalia）：產卵管（Ovipositor）及附屬器（Accessory appendages）。

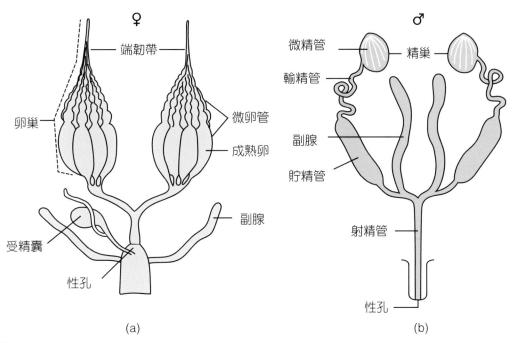

圖 1.17　昆蟲模式生殖系統結構

肆、昆蟲的變態

　　昆蟲的體壁是一種不具伸展性的結構，個體成長到一定的程度，即受到限制，必須藉助脫皮的過程，才能得以再次的成長，幼蟲每蛻一次皮，即稱爲增加一「齡」，例如：一隻一齡的幼蟲脫皮即成爲二齡蟲。另外，在昆蟲的整個生活過程

中，都會經過幾個不同的階段，如卵期、幼蟲期、蛹期和成蟲期。有些昆蟲在這些不同時期的變化相當大，例如：蟲變蝴蝶的過程，就可見其兩者間的外形完全不同。這種生活過程中發生形態轉變的現象，稱為「變態」。昆蟲隨著種類不同，牠們變態的方式亦有所不同，常見的有下列 2 種：

一、無變態

無翅亞綱的昆蟲，其幼體除體形較小，無生殖能力外，與成蟲相似，無翅，且其食性、習性、生態等均無改變，具此種變態之昆蟲，稱無變態類，如衣魚（圖1.18）。

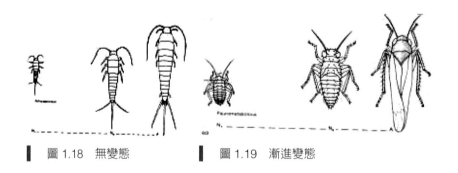

▌圖 1.18　無變態　　　　　▌圖 1.19　漸進變態

二、有變態

其幼體至成蟲期間，均有明顯之變化，稱此類昆蟲為有變態類。

(一) 直接變態

又稱不完全變態。此類變態不經蛹期，具此種變態之昆蟲稱不完全變態類。

1. 漸進變態

蝗蟲、椿象等其幼期除翅及生殖器官外，與成蟲形體頗為接近，其生態環境與成蟲相同，具此種變態之昆蟲稱為漸進變態類（圖1.19）。

2. 半行變態

襀翅目、蜻蛉目等，其幼期型態結構與生態環境，均與成蟲有別。幼期常具有一時性的器官，以適應特殊的水生生活，其變化情形較漸進變態為大，成蟲則生活於陸地或空中飛行營生，稱半行變態類。其幼期多以稚蟲稱之（圖1.20）。

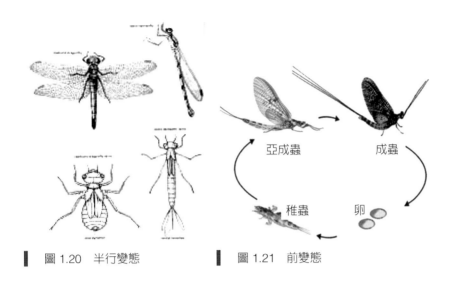

圖 1.20　半行變態　　　　　圖 1.21　前變態

3. 前變態

蜉蝣之變態，其幼期之型態及生態環境，亦與成蟲不同，無蛹期，但具與成蟲同形之亞成蟲期。亞成蟲蛻皮而為成蟲，特稱此類昆蟲為前變態類（圖 1.21）。

(二)間接變態

幼體形態顯然與成蟲不同，於後胚胎時期，有經蛹期之階段，內生翅群。其幼蟲多以幼蟲稱之。

1. 完全變態

蝶、蛾、蚊、蠅等，其生活環具有卵、幼蟲、蛹及成蟲等 4 個不同時期，具此種變態之昆蟲稱為完全變態類（圖 1.22）。

2. 過變態

地膽、斑蝥等之生活環經卵、幼蟲、擬蛹、蛹及成蟲等 5 個時期，除具有完全變態各期外，尚有另一擬蛹存在。具此種變態之昆蟲稱為過變態類（圖 1.23）。

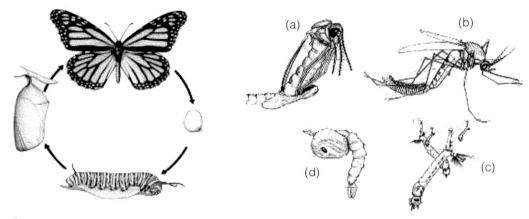

圖 1.22　完全變態

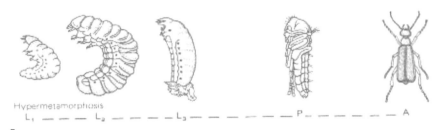

圖 1.23　過變態（芫菁）

CHAPTER 2

昆蟲和樹木的關係

壹、昆蟲取食對於樹木的傷害

一、食葉性蟲類

食葉性蟲類取食葉部而造成各種食痕（圖 2.1）：

(一) 鋸齒狀（Schartenfrass）：沿樹的葉緣部咬食成鋸齒狀者，例如：刺蛾幼蟲、切葉蜂等幼蟲的食痕是。

(二) 窗孔狀（Fensterfrass）：天牛科的 1 種（*Saperda carcharias*），其成蟲取食葉，又有金龜子成蟲及毒蛾初齡幼蟲會取食葉部葉肉留下表皮，其危害狀皆成矩形窗孔狀食痕。

(三) 削葉狀（Schabefrass）：蛀食葉表面，形似刀削狀僅殘留葉的下表皮及葉脈者，例如：大二十八星瓢蟲及某些金花蟲科等成蟲與幼蟲的食痕。

(四) 錨狀（Ankerfrass）：本類害蟲專取食葉的兩緣部分，僅留葉尖集中脈成錨狀者，如帶枯葉蛾 4～5 齡幼蟲及舞毒蛾老熟幼蟲的食痕等。更有的種類自夜間開始危害，僅留葉基集中脈者，如大櫛角螟蛾幼蟲的食痕。

(五) 截斷狀（Schnittfrass）：自葉間部開始蛀食，而與中脈幾成直角者，例如：紅角勾翅蛾幼蟲及葉蜂等的食痕是。

(六) 散孔狀（Locherfrass）：在葉面蛀食大小不等的散置小孔，例如：星條金花蟲、茶色金龜子等成蟲、舞蛾及白臘蜂類幼蟲、金龜子成蟲與避債蛾幼蟲等的食痕，直翅目蟲類則多穿食大型不規則的零星孔洞。

(七) 緣食狀（Randfrass）：沿葉緣食害，成不規則形狀或大小不整齊的齒狀者，例如：柳金花蟲、紅頸琉璃金花蟲等成蟲及刺蛾科幼蟲。

(八) 網狀（Skelettierfrass）：取食葉肉，僅留葉脈，而成網狀者，例如：樺色長角金龜子和金花蟲等成蟲。

(九) 捲葉狀（Blattrollen）：如 *Attelabinac* 及 *Apoderinae* 等幼蟲常將枝端的數片小葉縱捲做筒狀，蟲體棲居其中，取食筒內的葉肉，以營生活，當化蛹時，咬斷葉柄落地或留在樹株上。

(十) 聚葉狀（Gespinstrollfrass）：用絹絲將數枚葉片聚合 1 處，而造成巢者，例如：捲葉蛾科（Tortricidae）及部分螟蛾科（Tyralidae）綴葉叢螟等幼蟲。

切葉蜂—鋸齒狀

毒蛾幼蟲—窗孔狀

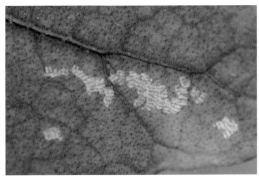

削葉狀—大二十八星瓢蟲

截斷狀—柑毒蛾

散孔狀—避債蛾

緣食狀—刺蛾幼蟲

捲葉狀　　　　　　　　　　　　　　　　　　　　聚葉狀―綴葉叢螟

▍ 圖 2.1　食葉蟲類造成的各種食痕

二、潛食性蟲類

(一) 潛葉的蟲類：本類昆蟲包括種類很多，一般鑽入樹葉組織內食害者，
　　例如：潛蠅科（Agromyzidae），細蛾科（Gracillariidae），潛葉蛾科
　　（Phyllocnistidae），及部分吉丁蟲科（Buprestidae），部分金花蟲科
　　（Chrysomelidae）等，所致食痕為（圖 2.2）：

　1. 線狀（Gangminen）：潛居在葉肉間，居其中迂迴穿孔危害，呈線狀者，有
　　　紅蚤金花蟲、桃潛葉蛾及 *Lyonetia clerkella* 等。

　2. 扁平狀（Platzminen）：潛入葉肉間，危害面積較寬而成扁平狀者，既有
　　　Gracilaria complanella、*Coriscium brongniardellum*、*Coleophora fusedinella*
　　　及赤楊潛葉蛾的 1 種（*Lyonetia* sp.）等屬之。

　3. 另有一種為中間形：如 *Orchestes quercus*、*O.fagi* 幼蟲，最初鑽入葉部危

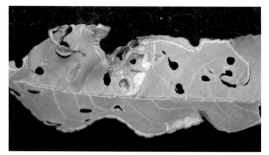

線狀柑橘潛葉蛾　　　　　　　　　　　　　　　　線狀桃線潛葉蛾

▍ 圖 2.2　潛食性蟲類造成的食痕

害，形似線狀，成長後則變成扁平狀。潛葉性昆蟲有的喜食葉的柵狀組織（Palisade chlorenchyma），有的僅食海綿組織（Spongy chlorenchyma），有的取食全部葉肉而僅留葉的上下表皮。危害針葉樹蟲類，則僅取食針葉表皮與內皮間的組織或食整個組織，而僅留表皮者，尚有最初為潛葉性逐漸改變為食葉性者，例如：*Bucculatrix albertiella* 其第 1 齡幼蟲屬潛葉性，帶至成長為第 2 齡幼蟲時則變成食葉性。如松筒保蛾在當年孵化的幼蟲為潛葉性，經過越冬後的幼蟲，則變為食葉性，此種情形，在樹木害蟲上，殊為普遍。

4. 鑽入樹皮間的蟲類：如細蛾科（Gracillariidae）中 *Gracilaria simploniella* 即為本類適例。凡屬本科蟲類大都為潛入樹皮內，穿孔危害，能使樹皮破裂變色或使樹木枯死等。

三、刺吸性蟲類

(一)吸食葉組織內汁液者（圖 2.3）

1. 葉面上發生黃白色斑點：樹葉被刺吸式口器蟲類吸食後，則葉部細胞的汁液水分減少，逐告枯竭，故在葉面顯現有黃白色斑點，如樹蝨科（Chermidae）、軍配蟲科（Tingitidae）及薊馬科（Thripidae）等的危害情形是。

刺吸—榕樹薊馬　　　　　　　　　刺吸—杜鵑軍配蟲

圖 2.3　刺吸性蟲類造成的食痕

2. 葉面上發生褐色斑點：一般樹葉只要有蚜蟲科（Aphididae），白臘蟲科（Fulgoridae）等昆蟲侵害時，葉面上常有褐色斑點出現，如枹樹蚜蟲及其他各種蚜蟲類的危害情形皆是。

3. 葉面上發生黑斑：在樹葉上有黑斑出現，在樹葉上有黑斑出現，大多數爲椿象科（Pentatomidae）蟲類吸食葉肉細胞內的汁液，所產生的普通徵象。

4. 抽取莖幹、枝或根部組織的汁液：屬本類昆蟲大多是爲椿象科（Pentatomidae）、盲椿象科（Miridae）、蟬科（Cicadidae）、角蟬科（Membracidae）、毬蚜科（Adelgidae）、介殼蟲科（Coccidae）等蟲無巨大影響，唯在幼齡樹木或苗木時期受害，則使樹苗生長減退，但枯死情形，一般較爲少見。

四、造癭性昆蟲（圖 2.4）

(一) 蟲癭的生成：據學術上的研究，蟲癭生成的原因，多爲不詳，因爲蟲癭研究，至爲困難。棲息於蟲癭的昆蟲，未必即爲構成蟲癭的昆蟲，某種昆蟲喜好棲息於既成的蟲癭，猶如鵲巢鳩占。更有某種昆蟲寄生於構成蟲癭的昆蟲，不僅如此，還有造成蟲癭的同一昆蟲，因不同世代而造異形蟲癭，且某種蚜蟲先造蟲癭於甲木，而後移棲於乙木者。因此蟲癭調查甚爲困難，迄今關於蟲癭生成，計有 4 種說法，述明如此：

1. 母蟲產卵於植物形成層或其他組織中，待幼蟲孵化出現時，則四周的組織，因刺激以致生長異常，而生成蟲癭。

2. 因幼蟲或成蟲自外部來襲的刺激，而生蟲癭。

3. 雌蟲產卵時，將其產卵管穿入植物組織，因注入液體及蟲卵，而生成蟲癭。

4. 蟲癭每隨孵化幼蟲生長而增大，因幼蟲自唾腺或馬試管，能分泌某種化學物質刺激形成層及其他部分細胞，使膨大而增殖，據高遜氏研究，沒食子蜂幼蟲的分泌物，含有某種特殊酵素，能分解澱粉爲糖類，猶是幼蟲供給糖類於細胞，促進細胞分裂或增大，使生成異形構造的蟲癭。

蟲癭—龍眼木蝨

蟲癭—荔枝癭蚋

▌圖 2.4　造癭性昆蟲

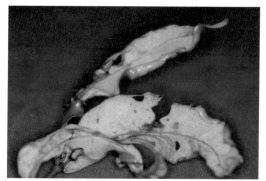

▌圖 2.5　被毛蟲癭—荔枝銹蜱

▌圖 2.6　包被蟲癭—五倍子蚜蟲

(二) 蟲癭的分類：可分下列 3 種：

　　1. 單蟲癭：凡蟲癭僅發生於植物某一局部者，稱單蟲癭，可分為下列 3 種：

　　　(1) 被毛蟲癭：輪廓很明顯，表面生叢毛，多發現於葉上，例如：荔枝銹蜱
　　　　 所造的蟲癭（圖 2.5）。

　　　(2) 包被蟲癭：昆蟲棲於莖葉或葉柄的表面，使植物受刺激而促進細胞分裂
　　　　 增殖後，則該寄生昆蟲被包被其內，例如：白木白五倍子蟲、葉五被子
　　　　 蟲（*Pemphigus nueshimae*），即椅五倍子蟲（*Niphonaphis distychii*）等
　　　　 所造的蟲癭（圖 2.6）。

　　　(3) 髓蟲癭：蟲體在植物組織內生存，例如：葉蜂，沒食子蜂、癭蠅、捲葉
　　　　 蛾（*Grapholita*）及甲蟲等所造的蟲癭。

　　2. 複蟲癭：蟲癭發生限於植物數部者，稱為複蟲癭。普通發芽的部分多有變形

或膨大，而成果實狀，時或混雜多數瘤狀物或葉狀物，例如：綿蚜科中若干種及癭蠅科昆蟲等所造的蟲癭。

3. 癌腫蟲癭：凡破壞根、幹、枝的組織者，都可生成突出於外部的腫狀物，稱為癌腫蟲癭，例如：綿蟲（*Eriosoma lanigera*）在蘋果樹上所造的蟲癭。

(三) 造癭昆蟲：造蟲癭的昆蟲有半翅目癭蚜亞科（Eriosomatinae）、木蝨科（Psyllidae）、蚜蟲科（Aphididae）及介殼蟲總科（Coccoidea）等。膜翅目中有沒食子蜂科（Cynipidae）、葉蜂科（Tenthredinidae）及小蜂科（Chalcididae）等。雙翅目的癭蚋科及斑翅蠅科。鞘翅目的捲葉蛾科（Tortricidae）。直翅目的螽斯科（Tettigoniidae）及蜻蛉目的豆娘科（Doenagriidae）等。

五、食分生組織的蟲類

(一) 分生組織包括形成層及部分後生木質部及韌皮部，一般位於枝幹或根部的頂端及四周。

(二) 鑽入芽內者：本類包括種類以捲葉蛾科（Tortricidae）蟲類為最多。

(三) 鑽食毬果內者：

1. 番死蟲科（Anobiidae），如樅番死蟲。

2. 天牛科（Cerambycidae），如 *Paratimia conicola*。

3. 捲葉蛾科（Tortricidae），如魚鱗松果捲葉蛾。

4. 螟蛾科（Pyralidae），如松斑螟蛾。

(四) 咬斷幼苗或蛀食樹皮者

1. 咬斷幼苗者

(1) 鞘翅目：吉丁蟲科（Buprestidae），如朝鮮姬條吉丁蟲。象鼻蟲科（Curculionidae），如 *Trigonocolus subfasciatus* 的成蟲。

(2) 直翅目：蝗蟲科（Locustidae），如 *Acridium* sp. 的成蟲。螻蛄科（Gryllotalpidae），如螻蛄成蟲及若蟲。

(3) 鱗翅目：夜蛾科（Noctuidae），如蕪菁葉蛾幼蟲。

2. 蛀食樹皮者

(1) 鞘翅目：象鼻蟲科（Cruculionidae），如 *Trigonocolus subfasciatus* 的成蟲。

(2) 雙翅目：大蚊科（Tipulidae），如黃條切蛆大蚊（幼蟲）、大切蛆大蚊幼蟲及毛蠅科中 Bibio marci 的幼蟲。

(3) 鱗翅目：夜蛾科（Noctuidae），如 Agrotis vestigialis（幼蟲）。螟蛾科（Pyralidae），如魚鱗松螟蛾。

(五)咬斷新枝條或剝食成環狀食痕者

1. 切斷新枝條者：如金花蟲科（Chrysomelidae）中的朝鮮廣型金花蟲成蟲、象鼻蟲科（Curculionidae）中的 Rhynchites coeruleus、葉蜂科（Tenthredinidae）中的梨粗腳葉峰等。

2. 剝食成環狀食痕者：象鼻蟲科（Curculionidae）中的 Trigonocolus subfasciatus 成蟲；金龜子科（Scarabaeidae）中的 Xylotrupes gideon 成蟲；小蠹蟲科（Ipidae）中的 Eccoptogaster deodara 成蟲、Cryphalus deodara 成蟲、Xyloterus intermedius 成蟲；葉蜂科（Tenthredinidae）中的 Cimbes spp. 成蟲；毒蛾科（Lymantriidae）中的 Hemerocampus leucostigma 幼蟲等。

3. 咬食成裂痕者：如象鼻蟲科（Curculionidae）的麻櫟短截象鼻蟲（Rhynchites spp.）成蟲、莖蜂科（Cephidae）的梨莖蜂等。

(六)剝食樹枝及根的外皮成不規則狀者：計有金龜子科（Scarabaeidae）、天牛科（Cerambycidae）、象鼻蟲科（Curculionidae）、小蠹蟲科（Ipidae）、金花蟲科（Chrysomelidae）、天蛾科（Sphingidae）、蟻科（Formicidae）等成蟲。例如：松黑小蠹蟲、松小黑蠹蟲等，大多數危害 3～10 年生的松樹和雲杉根端或地上部的表皮層；秋穴象鼻蟲屬的食痕為小型的圓孔。

(七)食害新枝條或根的外皮成不規則形狀者：一般鞘翅目（Coleoptera）、鱗翅目（Lepidoptera）、直翅目（Orthoptera）、雙翅目（Diptera）等蟲類的食痕均屬之。

(八)嚙食細枝、新枝條及根的髓部者：如螟蛾科（Pyralidae）、巢蛾科（Yponomeutidae）、捲葉蛾科（Tortricidae）、麥蛾科（Gelechiidae）、小蠹蟲科（Ipidae）、象鼻蟲科（Curculionidae）、天牛科（Cerambycidae）、番死蟲科（Anobiidae）等昆蟲多有此種危害情形（圖 2.7）。

(九)鑽入枝、幹、根的韌皮部或邊材不成潛孔者：包括吉丁蟲科（Buprestidae）、

部分天牛科（Cerambycidae）（圖 2.8、圖 2.10）、部分象鼻蟲科（Curculionidae）中的 *Gonatoceri* 屬、大部分小蠹蟲科（Scotylidae）、鱗翅目蝙蝠蛾科（Hkepialidae）、木蠹蛾科（Cossidae）（圖 2.9）、雙翅目的潛蠅科（Agromyzidae）、膜翅目的沒食子蜂科（Cynipidae）等昆蟲多係此種危害情形。小蠹蟲科大都鑽食韌皮部及邊材部穿食淺的母孔（Mother gallery）並產卵其中。根據蠹蟲母孔的型態鑑別種類，遠較按外部的型態為簡單，茲將加邊正明氏有關各種小蠹蟲的母孔形態簡單介紹如下，以供參考：

1. 小蠹蟲（Bark-beetles）的母孔

   (1) 單縱孔（Single-armed longitudinal mother-gallery）：僅有一個母孔，沿樹幹的縱軸方向蛀食，例如：枇杷小蠹蟲、松小蠹蟲和榆小蠹蟲等的蟲孔。

   (2) 平縱孔（Longitudinal flat gallery）：沿樹幹縱軸向前蛀食，導致母孔中部逐漸擴大，有時聚集多數母蟲而共同生活在平坦處所，如 *Cryphalus* 屬中的一種。

   (3) 複縱孔（Multiple-armed longitudinal mother gallery）：在幹部有 2～4 隻母蟲共同鑽食，常沿樹幹縱軸方向蛀害，其母孔數與母蟲個體數相同，此類母孔遠較單縱孔為複雜，如八齒小蠹蟲能穿時兩個母孔，松小蠹蟲能穿 3～4 個母孔。

   (4) 放射孔（Radiate gallery）：以侵入孔及交尾室為中心，向四周穿食成放射狀的母孔，如松六齒小蠹蟲等蟲孔是。

   (5) 多枝孔（Short-branched mother gallery）：在母孔上方作長短不規則的分枝母孔者，如雨傘小蠹蟲的蟲孔是。

   (6) 單橫孔（Single-armed horizontal mother gallery）：一般沿樹幹橫軸方向鑽食，而僅鑽食一個母孔，如落葉松後圓小蠹蟲的蟲孔即屬此類。

   (7) 複橫孔（Double-armed horizontal mother gallery）：大多數沿樹幹橫軸方向鑽食，在侵入孔或交尾孔的左右兩側又分出多數母孔，其分枝母孔與總母孔的角度常成為鈍角，如松小蠹蟲、冷杉小蠹蟲、白蠟小蠹蟲等蟲孔即為此類。

   (8) 平橫孔（Horizontal flat gallery）：多數母蟲共同鑽食幹部，沿樹幹橫軸

方向前進，在中間蛀食面積稍行平凹，如冷杉小蠹蟲及黃小蠹蟲等蟲孔
是。

(9) 分枝橫孔（Branched horizontal mother-gallery）：沿幹的橫軸方向蛀食，
更由主母孔分出 1～3 個分枝，如樅小蠹蟲的蟲孔是。

(10) 叉狀孔（Forked mother-gallery）：以交尾室為中心，鑽食兩個叉狀母
孔，其角度一般成銳角者，如七龜小蠹蟲的蟲孔是。

2. Ambrosia beetles 的母孔

(1) 皮下共有孔（Bark family-gallery）：由多數母蟲共同在樹皮下方蛀食一
個寬形母口，在母孔內壁培養數個種菌類，以供幼蟲食用，如材小蠹蟲
亞科中的松小蠹蟲及條小蠹蟲等即是此種蟲孔。

(2) 梯形孔（Ladder-gallery）：母蟲沿樹幹橫軸穿入木質部深處，造成主母
孔，幼蟲在主母孔的上下兩側，是造成多數成直角短形的幼蟲孔，如櫢
小蠹蟲的蟲孔是。

(3) 材部共有孔（Wood family-gallery）：母孔沿樹幹橫軸深入木質部，在母
孔兩側聚集多數母蟲鑽食共有母孔，如 *Xyleborus saxeseni* Ratzeburg 及赤
楊小蠹蟲等蟲孔屬之。

(4) 長梯形孔（Long ladder-gallery）：母蟲鑽入幹內造梯形孔洞，其幼蟲孔
特別長，如櫢樹長小蠹蟲及白臘小蠹蟲等屬蟲孔之。

(5) 水平分枝孔（Forked-mother and larval-gallery）：數隻母蟲共同侵入，直
向心材部鑽食較長母孔，並自此母孔兩側分叉出很多的分枝母孔而成水
平者，如紅松材小蠹蟲、冷杉大蠹蟲等兩種的蟲孔是。

(十) 幼期食樹木韌皮部，成長後則侵入幹或根的木質部者：如部分天牛科及蝙蝠蛾
科的昆蟲等屬之。

六、蝕材性昆蟲

本類昆蟲喜食乾燥木材，如建築用材及家具等，其生活能力極強，破壞能力亦
大，為木材最重要的害蟲，如等翅目、膜翅目中的樹蜂科，鞘翅目中的小蠹蟲科及
長小蠹蟲科，鱗翅目中的木蠹蛾科等蟲類，均包括於本類中。

▌圖 2.7　折心狀—桃折心蟲

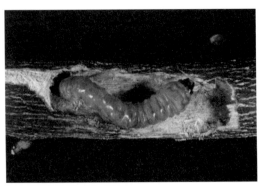

▌圖 2.8　蛀食樹幹—星天牛

▌圖 2.9　鑽食枝條—咖啡木蠹蛾

▌圖 2.10　蛀食根部—窄胸天牛

貳、昆蟲習性對於樹木的傷害

一、昆蟲棲息處所和樹木的關係

(一)營巢

  1.利用被害樹木營巢者：紋胡蜂噬取樹皮作巢；切葉蜂類切取樹葉，搬至適當
   處所作巢；魚鱗松紅杉蟻用針葉或妠葉樹葉營巢；臺灣大蟋蟀用咬斷的幼苗
   營巢；又切葉蟻類常將咬斷的樹葉運搬到巢內，以供培養菌類用。

  2.樹體內營巢者：白蟻科（Termitidae）的臺灣家白蟻、太和白蟻，以及鱗翅
   目中的 *Vanessa polychloros*、*Liparis chrysorrhoea* 等，都在樹幹內穿孔造巢。

(二)侵入孔及交尾室

番死蟲科（Anobiidae）蟲類，在木材內穿孔危害，同時在孔內舉行交尾產卵。小蠹蟲科（Ipidae）大多數種類，均鑽入樹皮下方，普通以直角方向穿入樹皮下，並造較寬大的孔道，於其中營造交尾室，以供交尾用，其穿孔工作大多數由雄蟲擔任，如 *Cryphalus himalayensis* 及黃小蠹蟲等。侵入孔大小形狀，因種類而有差異，通常在樹皮下斜行鑽入，並蛀食較深的孔道，以便造成侵入孔，此侵入孔主要為排出木屑及糞便用。

(三) 越冬場所

1. 成蟲期越冬者：有在樹木韌皮部越冬者，如小蠹蟲科中的松蠹蟲、松小蠹蟲及 *Hylesinus fraxini*、*H.vittatus* 等。又松小蠹蟲及松蠹蟲鑽入枝條髓部越冬，也很常見。

2. 幼蟲期和蛹期越冬者：落葉松筒蛾營筒狀巢，或在芽的周圍越冬；*Heringa dodecella* 自針葉先端侵入或在花芽和花蕾中越冬；鞘翅目中的 *Agrilus arcuatus* 在秋季自莖軸上方以直角方式鑽入幹內越冬；至翌年春季則轉回韌皮部食害；松六星吉丁蟲在秋季常深入木質部營蛹室越冬，在翌年春季開始化蛹。

(四) 出孔（Exit hole）

樹木常因吉丁蟲科（Buprestidae）、天牛科（Cerambycidae）、象鼻蟲科（Curculionidae）、小蠹蟲科（Ipidae）等蟲類寄生，所以在樹幹上常有出孔，此類出孔為幹內羽化成蟲爬出樹外的唯一孔口。吉丁蟲的形狀及大小，每隨昆蟲種類及個體不同，而有顯著差別。吉丁蟲科一般在幹部穿橫的橢圓形孔，但姬黑吉丁蟲則穿食縱的橢圓形孔，其他各科昆蟲的出孔大小雖有差異，而其形狀大多數近於圓形。為天牛科中的雙帶扁天牛其出孔為橫的橢圓形。黃小蠹蟲的出孔直徑為 0.8 mm，松小蠹蟲為 1.8 mm，松蠹蟲的出孔直徑為 1.9～2.2 mm，松黃星象鼻蟲的出孔長徑的為 2.2 mm，松白星象鼻蟲出孔長徑為 3 mm。

某些種類生活在樹幹內，其成蟲的口器變為吸收式，不適於鑽鑿出孔，因此在幼蟲時期即預穿出孔，以備成蟲羽化時外出，例如：蝙蝠蛾科、木蠹蛾科、螟蛾科

及一部分捲葉蛾科等蟲類的出孔皆是。其外形大多數不及天牛科、象鼻蟲科等蟲類的出孔整齊。

(五) 產卵處所

1. 產卵在樹木組織內者：產卵於葉的組織中者，有葉蜂科（Tenthredinidae）、軍配蟲科（Tingitidae）、象鼻蟲科（Curculionidae）等。如臺灣樟軍配蟲產卵在葉的組織中，扁葉蜂產卵於葉的軸脈中，很多造癭性蟲類，亦有此種習性。其他有產卵於芽內或花內者，如栗沒食子蜂產卵於樹的腋芽內，有的產於新枝條及細枝組織內者，幼蟲孵化後即可取食附近的柔軟組織，以營生活。除此之外，更有在樹幹及枝條各部分產卵者，如蟬科（Cicadidae）、角蟬科（Membracidae）及 *Lestes temporalis*、大浮塵子、松青蟲等屬之。有的種類先用口器咬傷小枝外皮，然後將產卵管插入其中產卵者，如星金花蟲及天牛科蟲類是。

2. 造特殊場所產卵者

    (1) 捲葉者：可分兩種，第 1 種將新枝條折彎聚集數片葉片作成球狀產卵其中者，如 *Byctiscus*、*Rhynchites* 等。第 2 種僅用一片葉片作成軸狀產卵其中者，如 *Attelabidae*，捲葉不僅能保護卵粒，更可供給孵化幼蟲的食物。

    (2) 穿食母孔者：小蠹蟲科蟲類，雌蟲深入樹皮下方或木質部，穿食多種不同的蟲孔，並產卵其中。

    (3) 剝食樹莖呈環狀者：在產卵時剝食樹莖呈環狀者，如下列各種昆蟲，天牛科（Cerambycidae），如黃肌天牛（*Oberea holoxantha formosana* PIC），其他如 *Oncideres* 中大多數種類皆如此。小蠹蟲科（Ipidae），如 *Eccoptogaster deodara*、*Cryphalus deodara*、*Xyouterus intermedius* 等。又 *Oncidercs* 屬中的蟲類不僅剝食樹皮，更能深入材部。

    (4) 在產卵後樹皮破裂成環狀者：有象鼻蟲科（Curculionidae）的麻栗象鼻蟲（*Rhynchites* spp.）及莖蜂科（Cephidae）的梨莖蜂。

    (5) 在莖基部鑽食成橫溝者：在橫溝的上方產卵，如姬象鼻蟲產卵於樹皮裂隙間。

(6) 在產卵後切斷莖部者：有下列各種蟲類，金花蟲科（Chrysomelidae）的 *Temnaspis coreana* 在產卵部位上方切斷，幼蟲孵化後即鑽入土中。象鼻蟲科（Curculionidae）的粗尾短截象鼻蟲在產卵部位下方切斷，幼蟲孵化後即取食其中，以營生活。

(六) 化蛹

1. 在樹外化蛹者：如蛺蝶幼蟲在樹木的新枝條曲折部分，用絹絲纏繞緊腹端後懸垂枝條上化蛹。鱗翅目大多數老熟幼蟲，均在捲葉內化蛹。

2. 在樹幹內化蛹者：大多數蛀蟲類，於老熟後即在穿孔內造蛹室化蛹，如天牛科中的桑天牛亞科幼蟲，大部鑽入木質部危害，當化蛹時乃在穿孔的末端作紡錘形蛹室（Pupal cell）化蛹。其他如天牛科中的天牛亞科、吉丁蟲科、象鼻蟲科以及小蠹蟲科等昆蟲，其幼蟲其主要在邊材及皮下間穿孔，行將化蛹時則深入材部作蛹室化蛹；天牛科中的 *Tetropium* 屬所作的 Hakengang 最為標準；灰松天牛在皮下用細微的木屑造成蛹室化蛹。

   有些昆蟲類在化蛹時，還在邊材部分穿食深的環狀溝，以阻止樹液上升，可在上方安全化蛹，如此可破壞樹木的輸導組織，使被害幹枝大部分枯凋，以致不能生長，蛹便可在此處安全的度過靜止期，而羽化為成蟲，如吉丁蟲（Buprestidae）中的 *Coraebus bifasciatus*、*Agrilus arcuata*、*A. auricollis*、*A. angelicus*；番死蟲科（Anobiidae）中的 *Apate bispinosa*、*A. perforans*、*A. sexdentata* 等；即天牛科（Cerambycidae）中的葡萄虎天牛、*Elaphidion villosum* 等。

   甚或有的將枝條齧斷，如天牛科中生活於枝條中的多數種類及木蠹蛾科（Cossidae）中的大多數種類。

(七) 營繭

　　臭椿皮蛾及黑條瘤蛾等，一般都在樹幹的皮層上作半面繭，且在繭的表面覆有樹皮木栓及體毛等物，而形成保護色。梅毛蟲作繭葉間，鱗翅目大多數種類，均吐絲營繭化蛹。

(八) 幼蟲的披覆物

　　四紋白緣青尺蠖蛾幼蟲，把樹的芽苞直立在體表上成棘狀，用以保護蟲體。燈蛾科 1 種幼蟲用 1 片舊葉營巢，並吐絲把巢固定在葉柄上，再用絹絲在葉面鋪成一薄膜，形成天幕，幼蟲群棲其間，在葉柄近旁留有開口，此為幼蟲出入外面取食的道路。筒蛾科幼蟲用各種植物覆蓋蟲體，以保護蟲體生命安全。又落葉松筒實蛾及避債蛾以及其他螟蛾科及捲葉蛾科等幼蟲，多將樹葉捲曲成筒狀，蟲體藏於其間，並以捲葉內的葉肉為食。

CHAPTER 3

綠地樹木維護與管理

壹、公園綠地樹木功用

貳、栽培環境之管理

參、結論

壹、公園綠地樹木功用

一、遮陰的效果：在炎熱的夏天，公園樹木可以減少陽光輻射，降低溫度提供清涼休憩環境。

二、生物綠洲：樹木在城市中形成水泥叢林綠洲，讓生物及鳥類自由生活及棲息。

三、減緩熱島效應：樹木可降低溫度，減少因水泥大樓、汽機車及空調所造成的高溫。

四、減少天然災害：在鄰近山坡的校園，發揮水土保持減低土石流。

五、減少空氣汙染：樹木會吸收二氧化碳製造氧氣，會讓空氣更清新（圖 3.1）。

六、阻隔噪音：位於都會區的學校，藉由綠化可以吸收及曲折或消散，阻隔周邊車輛的噪音（圖 3.2）。

圖 3.1　綠地美學品質

▌ 圖 3.2　公園寧靜

貳、栽培環境之管理

　　植物生長要素為陽光、空氣、水及土壤。土壤為植物生長所必需的環境，土壤環境的好壞影響其根圈系統，決定樹木的成長與存活。改良土壤結構及物理性狀，並設法提高土壤的保水性、保肥性與通氣性，以提供植物良好生長條件，必要時可以人為方式予以改善：

一、以客土改良土壤

　　將不良的植穴土壤，以表土等良質土代換。最省錢且確實的改良方法就是在種植前有計畫的採取、保存現地之表土，如果無法取得表土，可將附近較好的土壤作為母材，混拌腐熟堆肥等含纖維有機質，作為添加的用土。

二、以土壤改良資材改善土壤

　　將植穴留存之砂石墊料或其他雜物消除後，與植穴內原有的土壤混入有機質加添料，如蛭石、蛇木屑、稻殼、腐泥土、木屑、泥碳土等，或應用化學方法改善土壤組成、物理及化學性狀。但不可添加生雞糞（圖3.3）、太空包木屑（圖3.4）、枯枝落葉等未腐熟有機質（圖3.5）。

三、預留較大植栽空間

　　至少須預留直徑1～2公尺以上植穴不予鋪面，其上種植草皮及地被植物，以使地面逕流水能流入根群部位，使土壤之含水及通氣良好。樹木生長本身就需要有最小存活的空間，因為根系主要在地表下深度30公分的土壤中生長、發展與固著，所以樹穴的面積大小比深度更重要。帶狀樹穴可以讓根系有更大的生長空間

▌圖3.3　生雞糞造成樹苗肥傷死亡

▎圖 3.4　太空包木屑（需滅菌或腐熟）

▎圖 3.5　未腐熟有機肥

（圖3.6），而且彼此纏住，可以像手拉手一樣增加抗風力。因此建議：單獨植栽樹穴面積，大喬木4平方公尺以上，中喬木2.5平方公尺以上，小喬木1.5平方公尺以上。

圖 3.6　預留樹穴

四、設置入水口及通氣管

在行道樹或硬鋪面上的植穴中預先埋設通氣管及預流入水口，以利土壤中氣體交換作用及地表水滲入，並可提供灌溉及流質肥料之施用。

五、設置樹穴蓋

對於植栽根部上方所受之壓力，如人行、車輛或其他物體之停放，可利用樹穴蓋（圖3.7）加以減輕，例如：利用植草磚、縷空石板、鑄鐵板或空心混泥土板等材料，並於其空心部分植草，既可綠化，又可防止根部土壤受壓。

圖 3.7　縷空鑄鐵板

六、破壞並移除柏油及水泥封面及連鎖磚

　　公園內為防止風砂及下雨泥濘，經常將空地鋪設連鎖磚、水泥及柏油封面，不僅阻絕土壤水分及養分供給，也影響土壤通氣及根圈散熱（圖 3.8）。日積月累造成樹勢衰弱，引發公園榕樹及鳳凰木之褐根病。若予以破壞移除並配合前項的土質改良工程及空心磚鋪面（圖 3.9），則可兼顧樹木生長及停車、觀賞、休憩之需。

七、其他特殊土壤之改良

(一) 重黏土層：植穴的寬度及深度，均應加大範圍挖掘，並施以客土。

(二) 砂質土層：植穴的寬度及深度，應較正常者加倍掘之，混以肥沃土。

(三) 容易積水之土壤：如不透水層薄，且距離地面淺，將不透水層以圓鍬等破壞之，並視需要設置暗管或明溝排水。

▌ 圖 3.8　柏油封閉樹穴易造成植株死亡

圖 3.9 空心磚鋪面老樹枯木逢春

八、適當的施肥管理

　　枝條修剪前兩週，給予適當的即溶肥料 2 次，以臺肥特 43 號（氮：磷：鉀 = 15：15：15）溶解 300 倍，澆灌根圈為佳。適當的肥料管理，可增加對病蟲害的抵抗。如氮肥過量施用，會使植物組織含大量氮化合物（氨基酸等），且碳氮比降低，使害蟲生育良好、生存率增高、體重增加、成蟲產卵數也增加，尤其是刺吸式口器害蟲（蚜蟲粉蝨介殼蟲）。

九、割草遠離基幹

　　機械割草時，勿靠近樹木莖基部，避免割傷形成傷口（圖 3.10），成為植物病原菌入侵，例如：褐根病（圖 3.11）、熱帶靈芝、木材腐朽病。

圖 3.10　割草造成傷口

圖 3.11　引發褐根病入侵

參、結論

　　樹木健康與維護的首要事件為監測，以目視樹木外觀的方式評估、診斷其健康程度。樹木健康檢查，需長期收集植物訊息：葉數、大小、顏色、枝條之生長徵狀反應。主要觀察評估樹木自體本身的內在與周遭環境外在的關係，藉由此法尋找病徵和病兆來確定病因。景觀植栽維護管理實務技術，須澈底了解樹種生長的自然生態學，期能依循自然生態環境的條件營造、改善符合適育樹木品種特性的日照、溫度、溼度、空氣、土壤、水分等生長環境，創造最有利於樹木永續生存發育的友善空間。

CHAPTER 4

蜚蠊目與纓翅目害蟲

壹、黑翅土白蟻

貳、榕樹薊馬

參、腹鉤薊馬

壹、黑翅土白蟻

學名： *Odontotermes formosanus* (Shiraki, 1909)

分類地位： 蜚蠊目，白蟻科（Termitidae）。

寄主： 櫻花、梅花，亦可危害桂花、桃花、廣玉蘭、紅葉李、月季、梔子花、海棠、薔薇、蠟梅、麻葉繡球等花木。

發生危害： 一般較喜在野外棲息，經常以泥土包覆樹幹表面，如樹幹或枝條有裂縫則直接在表面覆土覓食，也會在近地表的腐朽的樹頭或根部取食。構築蟻道、巢穴，巢穴依活動性質可分主巢和副巢，通常主巢築於較深的土中，副巢則築於近地表的枯木或樹頭中。公園中被害樹種有：黑板樹、樟樹、榕樹、鳳凰木及楓香等，分布於平地至低海拔山區，為臺灣分布範圍最廣的種類（圖4.1、圖4.5）。白蟻屬社會性昆蟲，分蟻后、無翅的工蟻、兵蟻，及有翅的王族具雌雄兩性，每當夏季雨天的夜晚，可見成群的有翅型白蟻進行婚飛與交配，聚集燈光下，數量十分可觀。白蟻通常侵蝕衰弱的樹木，取食木材纖維素再利用腸道共生的原生動物，進行消化分解。經常造成樹皮剝落環狀剝皮而枯死，樹木中空無預警傾倒危害人車安全（圖4.2、圖4.3、圖4.4、圖4.5）。

防治方法： 維持植株健康，避免造成潮溼環境，在樹幹用草繩纏繞，並施用殺蟲劑，阻斷危害樹皮；修剪枝條傷口塗藥；埋設生長調節劑誘餌，誘殺族群及蟻后；支柱須做防腐及防蟲處理。

圖 4.1　楓香遭白蟻危害

圖 4.2　白蟻蛀蝕造成樹木折斷

圖 4.3　樹幹被白蟻蛀空

圖 4.4　樹幹中白蟻危害狀

圖 4.5　土白蟻危害華盛頓椰子

圖 4.6　土白蟻危害枯立木

貳、榕樹薊馬

學名： *Gynaikothrips uzeli.*

分類地位： 纓翅目（Thysanoptera），管尾薊馬科（Phlaeothripidae）。

寄主： 榕樹、黃金榕。

發生危害： 身體為黑色的小型昆蟲，體形細長，腹末端尖成管狀，長約 1～2.5 mm。觸角念珠狀，口器銼吸式，翅膀 2 對細長，邊緣有長纓毛（fringe），翅脈簡單。管尾亞目薊馬前翅則無翅脈，翅上亦不具微毛，不善飛行。屬纓翅目，管尾薊馬科，臺灣有 43 屬 93 種。本種也屬造癭昆蟲的一種，棲息榕樹嫩葉危害後使新葉捲曲形成巢袋狀（圖 4.8），一個巢可容納上百隻若蟲與成蟲擠在捲曲巢裡，有不同世代混居的現象，吸食葉的汁液為食，形成葉背許多紅色斑點（圖 4.7）。榕樹薊馬成蟲及若蟲幾乎終年可見棲息於榕樹，僅部分靜止期如前蛹及蛹期會到土中化蛹，羽化後又回到植物葉上，嚴重時造成新葉枯萎掉落。分布於臺灣、中國，在臺灣中低海拔地區普遍可見。

防治方法：

(1) 注意保護小花椿、橫紋薊馬、華野姬獵椿等天敵。

(2) 發現蟲癭時及時摘除，修剪時尤其要注意把有蟲癭的枝條剪掉，集中深埋或燒毀。

圖 4.7　捲葉被害出現紅色斑點

圖 4.8　嫩葉因而捲曲變形

參、腹鉤薊馬

學名： *Rhipiphorothrips cruentatus* Hood

分類地位： 纓翅目（Thysanoptera），薊馬科（Thripidae）。

寄主： 芒果、荔枝、番荔枝、楊桃、橄欖、柚、檸檬、葡萄柚、椪柑、甜橙、柿、蓮霧、蒲桃、龍眼、番石榴。

發生危害： 漸近變態，若蟲成蟲以銼吸式口器危害葉片。若蟲期 4 齡，第 1、2 齡若蟲無翅活動尚活潑。第 3、4 齡則較不活動，齡期分別約為 4.7、4.5、1.3 及 2.0 天。成蟲期有翅行動活潑，生殖方式有孤雌生殖及兩性生殖兩種，經孤雌生殖之子代均為雄性，兩性生殖時，交配後 3～4 天即開始產卵。腹鉤薊馬危害以中、老葉為主，通常為群聚危害（圖 4.9）。對葉片之危害由葉背近葉柄部開始危害（圖 4.10），初齡若蟲聚集一處危害，被害處呈銹色或深暗色斑，葉色變黃，嚴重時葉片脫落；其排泄物沾於葉面上，易引來雜菌寄生，汙染葉面，阻礙光合作用。危害果實時，同樣使果面產生銹色或深暗色斑，嚴重影響果實外觀品質。

防治方法： 推薦防治薊馬藥劑有 3% 亞滅寧乳劑（1,000 倍）、2.8% 賽洛寧乳劑（2,000 倍）或 2.8% 第滅寧乳劑（1,500），每隔 7～14 天施藥 1 次，連續 1～2 次（以防檢局公告藥劑為準）。

圖 4.9 腹鉤薊馬群聚

圖 4.10 近葉柄部開始危害

CHAPTER 5

半翅目害蟲

壹、樟白介殼蟲（白介殼蟲）

學名： *Aulacaspis yabunikkei* Kuwana

分類地位： 半翅目（Hemiptera），盾介殼蟲科（Diaspididae）。

寄主： 樟樹。

發生危害： 雌成蟲體形長，頭胸部膨大呈圓形或五角形，兩側平行，末端尖；腹節側緣明顯突出成瓣狀，第2節特別大。雌介殼近圓形，扁平或稍隆起，白色不透明，蛻皮淡黃色，後端黃褐色（圖5.1）。雄介殼為白色，蠟質狀，狹長，兩側平行，背面有明顯的3條縱脊線。本種為刺吸式害蟲，臺灣中低海拔地區普遍分布，群聚寄生葉片吸食危害（圖5.2），被寄生之葉片出現黃斑，最後乾枯落葉。族群密度高時，遷移至枝幹危害，使枝幹布滿蟲體，好像裹上一層白粉，非但有礙觀瞻，部分之枝條或整株因之乾枯死亡。樟科之樟樹、牛樟、土肉桂等植物皆可被其危害，在校園、行道樹及公園綠地造成嚴重危害。

圖 5.1 雌蟲包圍覆蓋枝條

圖 5.2 雄蟲群聚葉片表面

貳、埃及吹綿介殼蟲

學名： *Icerya aegyptiaca* Douglas

分類地位： 半翅目，碩介殼蟲科。

寄主： 食鳥心石、變葉木、麵包樹、樟樹、雀榕、茄冬。

發生危害： 雌成蟲橘紅色，橢圓形長約 0.5 cm，體表面覆有很厚的蠟粉；體緣具有長剛毛，也覆有很厚的蠟粉。成熟的雌成蟲，自體下方後端產生白色卵袋，藏多數卵粒（圖 5.3）。卵金黃色，1 齡若蟲橢圓形，足細小。2 齡若蟲初期足細長，身體背方長出放射狀細長剛毛，其後漸漸分泌蠟粉而將體表及剛毛等覆蓋。初孵化若蟲四處分散爬行，此時期死亡率最高，少數存活的個體經過約兩週（春季）的爬形期始固定於一處不動。身體分泌白色蠟粉呈細絲狀，背方也會分泌透明顆粒狀的蜜露。幼蟲因成群取吸植物汁液，導致植株衰弱或枯萎（圖 5.4）。在臺灣中南部終年發生，多寄生於各種樹木之葉片及枝條上，因分泌物白色量多易發現。分布於臺灣、中國、埃及、菲律賓、印度、斯里蘭卡、澳洲。該蟲於 1911 年侵入臺灣。

防治方法： 生物防治上，曾以澳洲瓢蟲控制柑橘吹綿介殼蟲，是成功的生物防治案例。

圖 5.3　成蟲及若蟲

圖 5.4　群聚於葉背危害

參、吹綿介殼蟲

學名： *Icerya purchasi* subsp. *purchasi* Maskell

分類地位： 半翅目，碩介殼蟲科。

寄主： 柑桔、龍眼、梨、茶樹、相思樹等 30 科、76 種木本植物。

發生危害： 卵橢圓形橙黃色。若蟲初孵化時扁橢圓形，色暗紅無白粉被體，若蟲成長，體表漸被白粉。初齡若蟲行動活潑，尋覓適當處危害，多自葉背的主脈處吸食葉液，至 2、3 齡若蟲乃固定於枝幹上危害，以至成熟，少有留於葉部的。2 齡雄若蟲老熟後，常結繭化蛹於枝幹裂縫或雜草土礫間。成、若蟲除直接吸食樹液危害外，又分泌蜜露，引發煤汙病，阻礙光合作用，影響植株生長（圖 5.6）。成蟲年生 3 代。雄蟲與雌蟲交尾後，雄蟲不久即死亡，雌蟲則在 6～11 日後，產卵於腹端分泌的卵囊內（圖 5.5）。本蟲自 1902 年由澳洲傳入後，曾蔓延全島，釀成災害，後經輸入澳洲瓢蟲控制。

防治方法： 生物防治為對該蟲最著名的成功案例，曾自紐西蘭引進澳洲瓢蟲（*Rodolia cardinalis* Mulsant），對吹綿介殼蟲之防治極為有效，並可長期與另一種本地天敵小紅瓢蟲（*R. pumila* Weise）將吹綿介殼蟲壓抑在極低的密度之下，因此在臺灣對吹綿介殼蟲無需施藥防治（羅幹成、邱瑞珍，1985，臺灣柑橘害蟲及其天敵圖說，25 頁）。

圖 5.5　成蟲及卵袋

圖 5.6　聚集取食的吹綿介殼蟲

肆、月桔輪盾介殼蟲（月橘白介殼蟲）

學名： *Aulacaspis murrayae* Takahashi

分類地位： 半翅目，盾介殼蟲科。

寄主： 月橘。

發生危害： 雌成蟲介殼圓形，灰白色背面略隆起，直徑約 3 mm，介殼中央黃褐色，殼內蟲體黃色。雄蟲介殼白色，細小長形，介殼背面形成 3 條縱走的突出物。若蟲淡黃至黃褐色，橢圓形。在月橘上普遍發生，雌蟲散生，分布於葉面或葉背，同一葉上可多達 10 餘隻（圖 5.7）。雄蟲則多聚集棲息，一葉有近百隻聚集成群，多發現於葉背（圖 5.8）。由於寄生於葉面，刺吸葉片汁液，使葉片黃化、脫落，影響植株發育。蜜露常引發黴菌使葉片汙穢；葉片因介殼蟲的吸食而畸形生長，周緣彎曲不整，或是皺縮不平，且介殼於蟲死後黏於葉片並不脫落直接影響植株美觀（圖 5.9）。

圖 5.7 雌蟲危害狀

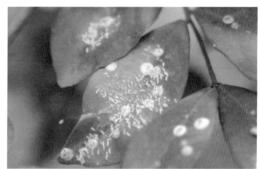

圖 5.8 長條狀—雄蟲

圖 5.9 在月橘上之危害狀

伍、紅蠟介殼蟲

學名： *Ceroplastes rubens* Maskell

分類地位： 半翅目，介殼蟲科。

寄主： 荔枝、蓮霧、玉蘭花。

發生危害： 初齡若蟲紅褐色，體表有白色蠟質，至 3、4 齡蟲體完全被白蠟覆蓋，蠟質呈油性軟質，周圍有 8 個棒狀突起，背中央略隆起，呈半球形。雌蟲，體紫紅色，故稱為紅蠟介殼蟲（圖 5.10、圖 5.11）。雄蟲赤褐色，觸角長，具翅一對，略呈黃色，呈翅脈呈紫色。本蟲喜好於陰涼濃密之植株上危害，一年可發生 3 代，其中以夏季世代發生最為嚴重。初齡若蟲尋找新鮮枝條，固定後即開始刺吸取食，經過一天即見其背面分泌淡淡之白蠟。若蟲成蟲吸食植株汁液，造成枯枝，且能分泌大量蜜露，誘發煤汗病，影響葉片行光合作用、降低果實品質。

防治方法：

(1) 注意修剪使果園通風透氣，可減少此蟲發生。

(2) 嚴重危害時剪除枝條，並搬離現場燒毀。

(3) 本蟲具蠟質介殼覆蓋，施藥防治時藥劑不易滲入，防治效果不佳，應把握住其孵化初之若蟲期加以施藥。

圖 5.10　紅蠟介殼蟲

圖 5.11　母蟲產卵

陸、球粉介殼蟲

學名： *Nipaecoccus filamentosus* Cockerell

分類地位： 半翅目，粉介殼蟲科。

寄主： 柑橘、葡萄、李、蓮霧、咖啡、桑樹、榕樹、莢竹桃、大豆、梔子花、木槿、棉等。

發生危害： 若蟲淡紫色，固定後漸被白色蠟粉。成蟲雌蟲紫黑色，具白蠟粉，體後分泌淡黃色卵囊；雄者有翅，體長形，紅褐色。一年 7～10 代，春夏之交的柑桔幼果期族群密度最高，至盛暑颱風季節，族群即大量減低。卵孵化後即爬出卵囊，在半小時內分散至嫩枝、葉柄、果柄、固定群聚取食。除分泌白色蠟粉覆蓋體表，同時分泌大量蜜露，誘發煤煙病，葉部被黑色煤汙沾染，阻礙光合作用，促使樹勢衰弱。果實若被沾汙，黑色煤汙不易擦除，影響商品價值。被害枝畸形，被害果實果肩壟起（圖 5.12）。

圖 5.12 群聚於枝條上的球粉介殼蟲

柒、半圓堅介殼蟲

學名： *Saissetia coffeae*

分類地位： 半翅目，介殼蟲科。

寄主： 咖啡、番石榴、蘇鐵。

發生危害： 雌蟲體背隆起呈半球形，體皮厚，介殼角質化而堅硬。本蟲多發生在幼嫩葉片及枝條上，吸食植物汁液。其體形常隨寄主植物的位置而改變，在平面的葉片上呈半球形，在莖上呈長圓形。老熟成蟲體呈現光亮之黃褐色。在臺灣終年發生世代區隔不明顯，通常在植株上可同時見到成蟲、若蟲各發育階段之個體。撥開成蟲介殼可發現大量紅紫色粉狀物，在顯微鏡下觀察為蟲卵。初齡若蟲具眼及觸角，可四處遷移動，固定後則終生不移動。食性廣泛，為蘇鐵及仙丹花之大害蟲。被害枝葉覆蓋成蟲及若蟲分泌之蜜露及其所誘發之煤汙病，阻礙光合作用，植株生育受阻。被寄生葉片變黃，嚴重時枯乾脫落（圖5.13）。

防治方法： 冬季剪除有蟲枝條，修剪太過茂密之枝葉，增加通風及日照，以保護果實不被此類害蟲危害為原則。4～6月為防治介殼蟲之重要關鍵時期。藥劑防治可選用95%夏油乳劑95倍，每公頃每次施藥量21公升，或50%馬拉松乳劑800倍，蟲害發生時施藥一次後再觀察。

圖 5.13　在番石榴葉被危害之成蟲及若蟲

捌、秀粉介殼蟲

學名： *Paracoccus marginatus*

分類地位： 半翅目，粉介殼蟲科。

寄主： 番石榴、朱槿、木瓜、緬梔子、棉花等。

發生危害： 為一雜食性的昆蟲。秀粉介殼蟲卵期 10 天，孵化之 1 齡若蟲具足可爬行，經固定後以刺吸式口器吸食植物汁液為食；雌蟲經 3 齡若蟲期後變為無翅成蟲，產卵時將卵包覆於白色棉絮狀的卵囊中，雌成蟲在 1～2 星期間可產下 150～600 個卵，一世代為 24～26 天；雄蟲經 4 齡若蟲期後變為有翅的成蟲。此害蟲在適宜的環境下，世代重疊，全年可見。其發育、繁殖最適宜溫度為 24～28℃，因此，春秋季節發生數量最多，由於該蟲的雌蟲體表外包覆白色蠟粉，卵則包覆在白色棉絮狀的卵囊中，很不容易防治。蟲體聚集圍繞植物莖部危害，吸食維管束造成環狀剝皮，最後導致植株枯死。目前已知有學校及社區栽培之朱槿受害嚴重造成圍籬大量死亡，同時亦發現危害大花咸豐草、牽牛花、甘薯及緬梔子（圖 5.14、圖 5.15），有逐漸擴大綿延的趨勢，在中南部已對木瓜產業在成嚴重危害及威脅。

防治方法： 藥劑可採用 35% 馬拉松乳劑 500～1,000 倍，或 95% 礦物油乳劑 200 倍（以防檢局公告之藥劑為準）。

▍ 圖 5.14　秀粉介殼蟲於緬梔子葉背危害

▍ 圖 5.15　秀粉介殼蟲於緬梔子新葉危害

玖、蘇鐵白輪盾介殼蟲

學名： *Aulacaspis yasumatsui* Takagi

分類地位： 半翅目，盾介殼蟲科。

寄主： 蘇鐵。

發生危害： 蘇鐵白輪盾介殼蟲之成蟲爲橘色，躲藏在白色的介殼之下，其介殼的形狀多變化，通常爲梨形或不規則形。由於苗木未經檢疫過程，因而經由走私引進蘇鐵白輪盾介殼蟲外來種昆蟲。24.5℃環境下，卵期約 8～12 天可孵化成移動型若蟲，離開雌蟲之介殼向外分散。第 16 天發育成第 2 齡若蟲，此時固著型不再移動，約至第 28 天即進入成蟲期，雌成蟲期約爲 30 天。本害蟲可寄生蘇鐵全株，包括羽狀葉面、葉軸、毬花、莖幹及根等部位，使寄主植物滿布蟲體所分泌之白色介殼。由於大量蟲體刺吸植物汁液，進而造成葉片黃化，最終植株全面枯萎，如遇乾燥季節則更易枯死（圖 5.16）。據報告指出本蟲可在土壤下植株主根部位危害，且最深可達地表下 60 cm 處，提高防治的困難度。

防治方法： 剪除被害葉片，施用益達胺乳劑添加展著劑，並將藥劑灌注樹頭及根部。

▌圖 5.16　白輪盾介殼蟲大量著生於葉片及株幹

拾、紫薇斑蚜

學名： *Sarucallis kahawaluokalani* Kirkaldy

分類地位： 半翅目，蚜總科、斑蚜科。

寄主： 紫薇。

發生危害： 有翅胎生雌蚜觸角 6 節，複眼紅色。長約 2 mm，長卵形，體黃或黃綠色，具黑色斑紋。將卵產在其他寄主芽腋或樹皮中越冬，隔年春天待紫薇萌發的新梢抽長時，於葉背開始出現無翅胎生若蚜。至 6 月以後蟲口不斷上升，葉背部滿白黃色之蟲體，並隨著氣溫的升高，而開始產生有翅蚜，遷飛擴散危害（圖 5.17）。一年發生 10 餘代，危害年年發生，蟲體常蓋滿幼葉反面（圖 5.18），群聚吸食寄主汁液，使新梢扭曲，嫩葉捲縮，凹凸不平。會抑制花芽形成，花序縮短，甚至無法產生花苞，同時還會誘發煤汙病，傳播病毒病。

防治方法： 冬季結合修剪，清除病蟲枝及過密枝，以減少越冬蚜卵；大發生期噴施 10% 益達胺可溼性粉劑 2,000 倍；保護利用瓢蟲、草蛉等天敵。

▎圖 5.17 紫薇斑蚜有翅形成蟲

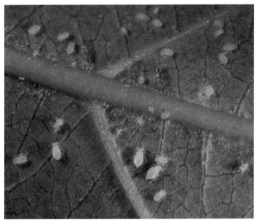
▎圖 5.18 蟲體蓋滿幼葉背面

拾壹、玉蘭幹蚜

學名： *Formosaphis micheliae* Van der Groot

分類地位： 半翅目，棉瘿蚜科。

寄主： 白玉蘭、黃玉蘭或烏心石。

發生危害： 無翅胎生成蟲體圓胖，暗黃綠色，頭小足細長。腹部有圓，形大蠟板，無腹管。孤雌胎生蚜可產幼蚜 31～43 隻，幼蚜蛻皮 4 次，完成 1 代約需 19 天。有翅孤雌胎生蚜於 11 月上旬開始出現，次年 1 月上旬為盛期。本種蚜蟲在白玉蘭、黃玉蘭或烏心石主莖幹表面棲息。乾燥季節密度高在樹幹表面包圍一層密密的蚜蟲，且外層附著大量白色蛻皮，形成白霜狀物（圖 5.19）。此蚜群集性很強，在 1 cm^2 的取樣蟲口多達 100 隻，常在樹皮裂縫或枝椏基部樹皮較粗糙部位首先發生，活動能力弱，在林內呈聚集分布。

防治方法：

圖 5.19 密密的一層蚜蟲包圍在樹幹表面

拾貳、羅漢松蚜

學名： *Neophyllaphis podocarpi* Takahashi

分類地位： 半翅目，斑蚜科。

寄主： 竹柏、百日青、羅漢松、蘭嶼羅漢松等。

發生危害： 無翅胎生成蟲體圓肥，藍紫色，長約 2 mm，外被白色蠟粉，為其最大特徵；頭與前胸癒合，觸角 6 節，吻長過後足基節；複眼退化為 3 小眼點之眼瘤。雌成蟲直接胎生若蟲，多數雌成蟲與若蟲聚集危害羅漢松科植物頂端，吸食嫩芽及新葉（圖 5.20），使新葉黃化細小，下方的老葉上殘留若蟲發育變態時的白色蛻皮（圖 5.21）。羅漢松抽新葉時又遇長期乾旱則受害嚴重，造成植株生長不良；蟲體分泌的大量蜜露在中、老葉片表面造成煤汙病，影響植物的光和作用及觀賞價值。本蟲寄生於竹柏、百日青、羅漢松、蘭嶼羅漢松等羅漢松科植物嫩芽及新葉。分布於臺灣低海拔地區及中國、日本琉球、馬來西亞。

圖 5.20　群聚吸食的成蟲

圖 5.21　老葉上殘留若蟲變態後白色蛻皮

拾參、玫瑰蚜蟲

學名： *Rhodobium porosum* Sanderson

分類地位： 半翅目，常蚜科。

寄主： 有 43 科 132 種以上。

發生危害： 全年四季可見，雜食性，寄主範圍廣，年發生數十代，在 5～9 月間發生較為嚴重，蚜蟲在幼嫩組織上活動遊走及刺吸刺探。成蟲及若蟲以刺吸式口器吸收植物汁液，喜聚集於嫩葉、幼芽、花芽及花苞上，造成葉片扭曲、萎縮，而且變形無法伸展（圖 5.22）。在花瓣上留下點狀褐色痕跡，排泄物含有蜜露，誘發煤汙病，阻礙光合作用。成蟲淡黃褐色或黃綠色，以孤雌生殖繁殖後代（圖 5.23），當密度較高或食物缺乏時，下一代則產出有翅型後代，進行飛行遷移。

防治方法：

(1) 清除附近雜草，降低蚜蟲在中間寄主的棲息、繁殖。

(2) 注意保護天敵，如瓢蟲、食蚜、寄生蜂、草蛉等。

(3) 9.6% 益達胺溶劑 4,000 倍、24% 納乃得溶劑 1,000 倍。

圖 5.22　聚集在枝條上之蚜蟲

圖 5.23　母蚜胎生若蟲

拾肆、竹葉扁蚜

學名： *Astegopteryx bambucifoliae*

分類地位： 半翅目，扁蚜科。

寄主： 綠竹、麻竹、刺竹等各類竹葉。

發生危害： 體扁長約 2 mm，無翅胎生雌蟲扁卵圓形，黃綠色體背具有兩條綠色的縱向斑紋。有翅胎生成蟲，長橢圓形，胸褐色，腹部深綠色，在食物缺乏或於秋末多數蚜蟲會發育成有翅型。成蟲幾乎全年可見，生活在平地與低海拔山區。成蟲孤雌生殖，繁殖能力強，以 10 月開始至次年 2～3 月爲高峰期，夏季時密度最低。成蟲與若蟲常成群棲息於竹葉葉片背面吸食汁液。較常發生於刺竹、麻竹、綠竹等竹類之葉背，有群聚性（圖 5.24），蟲口密度高時，因其分泌蜜露可誘發煤汙病，而成一片黑竹林，妨礙光合作用影響竹林生長。

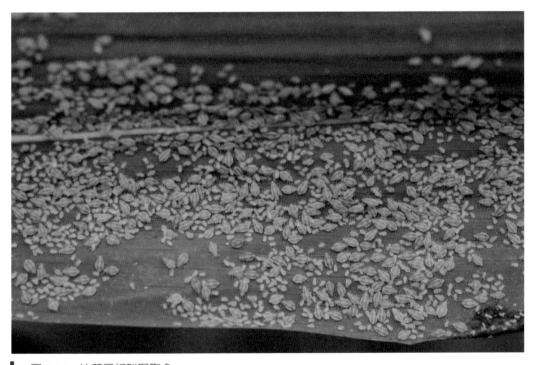

圖 5.24　竹葉扁蚜群聚取食

拾伍、柏大蚜

學名： *Cinara tujafilina* del Guercio

分類地位： 半翅目，大蚜科。

寄主： 側柏、垂柏、千柏、龍柏、鉛筆柏、撒金柏和金鐘柏等。

發生危害： 無翅孤雌蚜，體長 3.7～4 mm，體色較有翅型稍淺；胸部背面有黑色斑點組成的「八」字形條紋；腹背有 6 排黑色小點，每排 4～6 個；腹部腹面覆有白粉。柏大蚜危害以成蟲、若蟲聚集幼莖表面吸食（圖 5.25），常引起煤汙病，影響柏樹生長。被害枝條顏色變淡，生長不良，嚴重時枝梢枯萎，受害部位表皮稍微變軟、凹陷。7 月分高溫多雨，種群密度驟減；9 月以後數量明顯增加。主要天敵有異色瓢蟲、七星瓢蟲和草蛉、食蚜蠅等。

圖 5.25　柏大蚜群聚枝條

拾陸、斑腹毛管蚜

學名： *Mollitrichosiphum* (Metatrichosiphum) *nigrofasciatum* (Maki, 1917)

分類地位： 半翅目，蚜蟲總科、毛管蚜科。

寄主： 青剛櫟。

發生危害： 母蟲胎生若蟲，若蟲於嫩葉處吸食危害，蟲體沿著葉脈兩側聚集。成蚜體黃褐色胸部致腹部兩側有黑色條紋，腹部背方亦有橫跨兩側之黑斑。腹部後端背方，著生兩個黑色腹管用來分泌警戒費洛蒙，且腹管著生細毛。母蟲分無翅型及有翅型，有翅型具有遷移能力，為拓荒者；無翅型生殖能力強。若蚜淡黃色，腹管黃色，成蟲若蟲喜聚集葉背取食。多於春天青剛櫟發嫩葉時發生危害（圖 5.26），在葉表形成黃斑，蚜蟲密度高時會招引捕食性瓢蟲。

▌ 圖 5.26　斑腹毛管蚜聚集心葉

拾柒、龍眼木蝨

學名： *Neophacopteron euphoriae* Yang

分類地位： 半翅目，花木蝨科。

寄主： 龍眼。

發生危害： 龍眼木蝨為近年在中南部龍眼葉上發現而極為普遍之害蟲，卵產於葉背，若蟲棲息葉背部凹陷小點內，葉背凹陷，凹陷處躲藏若蟲（圖 5.27、圖 5.28）。在葉面上造成小突起，一葉有多個為害點，嚴重為害時葉片整葉有點狀突起，並使葉片捲曲枯黃而落葉，常發生在嫩葉處而使整個枝條上的葉片都會受影響（圖 5.29）。

圖 5.27　葉背凹陷

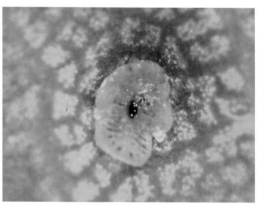
圖 5.28　凹陷處躲藏若蟲

圖 5.29　危害狀──蟲癭

拾捌、高背木蝨

學名：　*Macrohomotoma gladiata*

分類地位：　半翅目，榕木蝨科。

寄主：　榕樹。

發生危害：　成蟲外觀似蟬的縮小版，觸角呈鞭狀，共有 10 節位於兩複眼間，休息時翅置體後呈屋脊狀，頭部複眼發達，有 3 個單眼。口器為刺吸式吸食寄主汁液，並且會排遺蜜露，造成下位葉形成煤汙。大多發生於榕樹嫩芽及果實著生處，包覆白色棉絮物（圖 5.30）。若蟲具翅芽，隨齡期增加而長大。若蟲腹部後方具有蠟腺，分泌白色綿密的絲狀物，若蟲藏匿於其中，吸食發育至末齡爬出進行分散，等待羽化為成蟲（圖 5.31），成蟲體綠色翅為透明，由於成蟲背部壟起而得名。成蟲同樣以植株汁液為食，造成新葉枯萎。主要發生於臺灣平地。

防治方法：　不會直接導致植株死亡，加強水分供應及施肥管理，增加植株抵抗力，即可降低蟲害。或人工剪除受危害枝葉，並可以用藥劑直接噴灑於植株。

圖 5.30　分泌白色棉絮狀的物質

圖 5.31 老熟若蟲寄生於葉背羽化

拾玖、黃槿木蝨

學名： *Mesohomotoma camphorae* Kuwayama (1908)

分類地位： 半翅目，錦葵木蝨科。

寄主： 黃槿、冬葵子、木芙蓉、野棉花等多種植物。

發生危害： 體長 5.5 mm，體背呈黑褐色、黃褐色或綠色等，頭、胸背板有 3～8 條白色縱線，中胸背板有 3 個黃褐色斑，左右 2 個，上緣一個，腹部褐色，各腹節間具白色斑點，翅膀透明，翅緣脈黃褐色，各脈端有黃褐色或黑色斑點。本種分布於海邊或低海拔山區，寄主黃槿、冬葵子、木芙蓉、野棉花等多種植物，黃槿木蝨成蟲、若蟲（圖 5.32、圖 5.33）群聚於葉背及葉柄，吸食寄主汁液，若蟲體覆白色蠟絲，分泌大量蜜露引發煤汙病，被害葉片扭曲變形（圖 5.34）。

圖 5.32　黃槿木蝨成蟲

圖 5.33　黃槿木蝨若蟲

圖 5.34　黃槿木蝨危害狀

貳拾、梨木蝨

學名： *Cacopsylla qianli*（黔梨木蝨）

Cacopsylla chinensis（中國梨木蝨）

分類地位： 半翅目，木蝨科。

寄主： 黃金梨。

發生危害： 卵呈乳白色，一端尖細，另一端鈍圓。若蟲（圖 5.35）在孵化後 1～2 天，會分泌出線狀蠟質以及黏稠液體（蜜露），其後黏液分泌逐漸增加將若蟲包埋其中，待蛻皮時才爬出黏液，形成保護使防治藥劑難以傷及蟲體。而且該黏液掉落下位葉片，誘發煤汙病而影響梨樹行光合作用，間接影響產量。掉落枝條及幼果等處形成汙損果，直接影響到果品價值。梨木蝨主要以若蟲、成蟲（圖 5.36）刺吸嫩芽、嫩梢、葉片及果實的汁液，影響生育並造成受害葉片褐化，甚至落葉等現象。在臺灣發生時，懷疑傳播梨樹衰弱病，而成為病媒昆蟲。本蟲非本地種，藉由未經檢疫接穗所挾帶的入侵種害蟲。

圖 5.35　梨木蝨若蟲

圖 5.36　梨木蝨成蟲

貳拾壹、桑木蝨

學名： *Paurocephala sauteri Enderlein* Grawford

分類地位： 半翅目，木蝨科。

寄主： 桑樹、柏樹。

發生危害： 蟲體細小，刺吸式口式，群聚於桑樹心葉取食危害（圖 5.37）。成蟲初羽化時體淡黃色，隨後產生黑色斑點，黃、腹部各節之背面基部呈黑色。翅膀透明，體長 1.7 mm。幼蟲體白色至淡黃色，若蟲常群棲於桑樹的新梢嫩葉，於葉背面沿著葉脈兩側排列整齊群聚刺吸汁液，使葉片捲縮，萎凋、脫落，甚至使枝條枯萎。其蜜露包覆白色蠟質呈粉狀顆粒，招引螞蟻誘發煤汙病，減低光合作用，降低桑葉品質。年發生 13 世代，繁殖迅速（圖 5.38），各蟲期個體週年可見，尤其在高溫乾燥的秋天，發生最為猖獗。

防治方法：

(1) 4 月上旬及時摘除著卵葉。4 月中旬至 5 月上旬，剪除有若蟲的枝梢，集中燒毀。

(2) 在卵期、若蟲期噴灑 40% 陶斯松乳劑 1,000 倍液或 50% 馬拉松乳劑 1,000 倍液。

圖 5.37　桑木蝨危害心葉

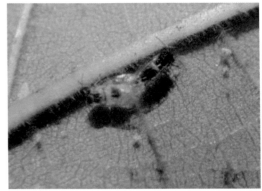

圖 5.38　桑木蝨成蟲交尾

貳拾貳、柑橘木蝨

學名： *Diaphorina citri* Kuwayama

分類地位： 半翅目，扁木蝨科。

寄主： 月桔、柑橘。

發生危害： 木蝨成蟲喜產卵於月桔嫩芽，若發現新葉有成排橘黃色物體，即為木蝨的卵。卵孵化後，若蟲吸食嫩芽汁液，並排出白色蜜露，一個新芽常有數十隻若蟲。隨若蟲發育會向枝條分散，老熟若蟲翅芽明顯，若蟲期 8～31 天。成蟲（圖 5.39）翅具褐色斑紋，常斜立於心葉或枝條上。產卵期須 10 幾天才開始產卵，產卵期 30～80 天，每隻雌蟲日產 5～35 粒卵，一生可產 200～870 卵。當無嫩芽可供成蟲產卵時，便棲息於老葉下，由於月桔經常修剪，故嫩芽萌發立即產卵。若蟲（圖 5.40）在嫩芽吸食，導致新葉萎縮捲曲，甚至乾枯。蟲體分泌的白色蜜露，常誘集螞蟻、蜂、蠅等取食，並誘發煤霉病，使葉片產生煤煙狀汙穢物。本種木蝨為柑桔重要害蟲，並且為傳播立枯病之病媒昆蟲。

圖 5.39　柑橘木蝨成蟲（江允中 攝）

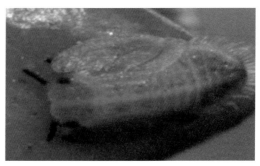

圖 5.40　柑橘木蝨若蟲

貳拾參、象牙木木蝨

學名： *Trioza* (Megatrioza) *magnicauda*

分類地位： 半翅目，三叉木蝨科。

寄主： 象牙木。

發生危害： 植食性小型昆蟲，成蟲翅透明，停棲時，兩對翅閉合呈屋脊形，經常將頭部貼合葉面，身體微向上仰（圖 5.44），將卵產於嫩芽處（圖 5.42）。若蟲刺吸口器吸食寄主葉片，喜食嫩葉，體扁活動力弱，而進行固定生活。其唾液刺激葉片，葉肉向外凹陷形成蟲癭（圖 5.41），幼蟲躲藏棲息其中。若蟲產生之蜜露，外層包裹白色蠟質成小圓球狀，掉落於下位葉呈白色粉狀物（圖 5.45）。終齡若蟲扁橢圓形（圖 5.43），周圍鑲黑色框邊，前端有 2 個紅色的眼緊貼著葉面。

圖 5.41　成蟲停棲時將身體微向上仰

圖 5.42　木蝨將卵產於嫩芽處

■ 圖 5.43　木蝨危害後葉片凹凸不平

■ 圖 5.44　下位葉表面布滿白色蜜露

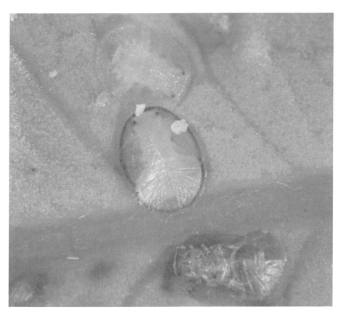

■ 圖 5.45　終齡若蟲扁橢圓形

貳拾肆、茄苳白翅葉蟬

學名： *Thaia subrufa* Motschulsky

分類地位： 屬半翅目，葉蟬科。

寄主： 茄苳樹。

發生危害： 觸角鞭狀細長，位於兩複眼之間；後足較其他族群發達，善跳，且在脛節處有兩排刺。口器刺吸式在葉背吸食汁液，被害葉面出現白色斑點，嚴重時葉色變黃（圖 5.46），甚至枯萎提早落葉，葉背呈銹色斑點及白色之蟲蛻，尤其在 7～9 月乾燥季節時特別嚴重。白翅葉蟬（圖 5.47）危害嚴重時，會誘發煤汙病，造成大量落葉，並使茄苳樹失去景觀價值。

防治方法： 以 40.64% 加保扶水懸劑（carbofuran）稀釋 800～1,200 倍，於初期發生害蟲危害時，施藥一次，必要時每隔 10 天施藥一次（以防檢局公告之藥劑為準）。

茄苳樹被害後大都能自行恢復正常生長，因此無需特別防治此害蟲。定期的澆水及施肥管理較為重要，可提高樹木的抵抗力。

圖 5.46　被害葉片變黃

圖 5.47　群聚吸食的成蟲

貳拾伍、芒果葉蟬（浮塵子）

學名： *Idioscopus nitidulus*（褐葉蟬）

Idioscopus clypealis Lethierry（綠葉蟬）

分類地位： 半翅目，葉蟬（浮塵子）科。

寄主： 芒果。

發生危害： 成蟲產卵於幼嫩葉脈中肋或花梗內，成蟲及若蟲聚集於花穗或嫩葉吸取汁液危害（圖 5.48、圖 5.49、圖 5.50）。本蟲每年發生十餘代，在每年芒果開花期約 12 月至隔年春天 3 月為發生盛期。於 1～3 月間大量產卵，產卵管插入花穗組織引起機械損傷，使組織表面產生裂縫，導致病原菌侵入門戶。開花期成蟲若蟲皆在花穗刺吸取食導致花穗枯萎，花蕾脫落影響結果，此外分泌蜜露導致煤汙病。

防治方法： 本蟲於開花初期危害，可用藥劑防治。2.8% 畢芬寧乳劑 2,000 倍、50% 免敵克可溼性粉劑 1,500 倍、25% 布芬淨可溼性粉劑 750 倍等（以防檢局公告之藥劑為準）。

▌ 圖 5.48　群聚棲息後之葉蟬蛻皮

▌ 圖 5.49　褐葉蟬成蟲

▌ 圖 5.50　初羽化成蟲

貳拾陸、螺旋粉蝨（Spiraling whitefly）

學名： *Aleurodicus dispersus* Russell

分類地位： 半翅目，粉蝨科。

寄主： 豔紫荊、芭樂、血桐、香蕉等。

發生危害： 成蟲約 0.15 cm，全身白色有翅，會飛翔的微小昆蟲。若蟲淡黃色會分泌白色粉狀物，並隱藏在白色分泌物中，肉眼隱約可見。本蟲棲息於葉背，很少在葉片表面被發現到（圖 5.51）。全年均可發生，1～3 月受冬季低溫影響族群發育較慢，作物受害也較為緩和，4～5 月氣溫漸升，族群密度略微升高，6～9 月因逢梅雨連續下雨影響成蟲分散，密度大幅下降。10 月後雨量漸減氣候轉為乾旱，其密度因而迅速增加，11 月達高峰，12 月後受低溫影響其密度略減。成蟲在葉背產卵以螺旋狀排列，且分泌白色蠟物覆蓋其上藉以保護，卵孵化後若蟲於葉背刺吸危害，由於大量群聚棲息，分泌蜜露掉落下位葉表面，因而誘發煤汙病（圖 5.52），阻礙植物行光合作用，對觀賞品質影響甚大（圖 5.53、圖 5.54）。另其白色粉蠟物及蛹殼到處飛揚，對環境亦構成汙染。成蟲蛻化後，棲息於葉背吸食，交尾後，於晨間活動，尋找新鮮葉片產卵。

防治方法：

(1) 被害嚴重枝葉剪除並燒毀，避免成蟲羽化後繼續蔓延並感染新植之幼株。

(2) 害蟲發生時，可參考防檢局公告之藥劑。

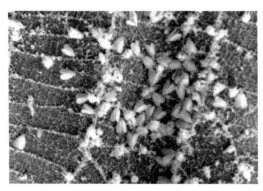

圖 5.51　螺旋粉蝨成蟲聚集血桐葉背

圖 5.52　螺旋粉蝨危害產生煤汙病

圖 5.53 危害聖誕紅

圖 5.54 危害豔紫荊

貳拾柒、刺粉蝨

學名： *Aleurocanthus spiniferus*

分類地位： 半翅目，粉蝨科。

寄主： 牛心梨、番荔枝、柿、烏臼、膠樹、楓樹、木通、枇杷、梨樹、薔薇、檸檬、甜橙、崖椒、柳樹、葡萄等。

發生危害： 一年發生 4、5 個世代。若蟲期越冬，來春化蛹，成蟲於柑桔春芽萌發期羽化，隨之交尾，成蟲產卵於葉背，卵黃色，卵粒在葉表排成弧形，卵孵化後，若蟲就近固著在葉背吸食，終生不再移動。若蟲黑色體，周圍生有刺毛及白色蠟狀物。若蟲（圖 5.56）蛻皮 3 次，經 17～90 天後化蛹，蛹經 7～34 天羽化為成蟲。成蟲初羽化時易受雨水沖刷致死，並減少產卵量，產卵後，卵與若蟲均固著於葉背（圖 5.55），則較不易受雨水影響。大量發生時，群聚取食刺吸葉片，造成葉片退色、捲曲或萎縮，並造成煤汙病，影響光合作用，使植株衰弱、枯死，並且傳播毒素病。

防治方法： 推薦之藥劑有 40.64% 加保扶（carbofuran）水懸劑與 50% 陶滅蝨（chlorpyrifos + MIPC）可溼性粉劑兩種（以防檢局公告之藥劑為準）。

圖 5.55 卵與若蟲均固著於葉背

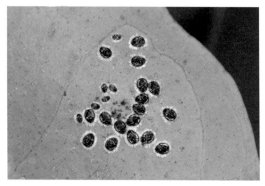

圖 5.56 老熟若蟲

貳拾捌、膠蟲

學名： *Kerria lacca* subsp. *lacca* Kerr

分類地位： 半翅目，膠介殼蟲科。

寄主： 荔枝、龍眼、菩提、榕樹及烏心石。

發生危害： 雌成蟲無翅，紫色，體背面中央有一明顯的刺，以與若蟲區別。形狀大小因群集擁擠頗不一定，雌蟲複眼和足皆已退化。蟲體藏於橢圓形或圓形腫狀蟲膠內，終生固著於寄生植物上寄生。雄蟲體長約 1.6 mm，有翅型並有 1 對透明翅，可飛行找尋雌蟲交尾。初齡若蟲有複眼和觸角各一對，可遷移活動，待固定後即群聚刺吸植物汁液，分泌蟲膠保護蟲體，因此，在初齡若蟲期尚未分泌大量蟲膠時為最佳噴藥期（圖 5.57、圖 5.58）。一年發生兩代，第 1 世代始於 12 月（南部）至翌年 3 月（北部），第 2 世代始於 5 月（南部）至 7 月中旬（北部）。若蟲以口器插入幼嫩枝條樹皮內吸收養液，並分泌白色及紅色蠟、膠質，附著於枝條表皮上（圖 5.59），導致枝條上葉片逐漸枯黃脫落，嚴重時枝條枯死。若蟲排泄物並可誘發煤汙病，使植株生長、開花受阻，使樹勢衰弱，危害嚴重時整株枯死，使整區果園廢耕（圖 5.60）。

防治方法： 施藥防治前先採折枝，以及危害嚴重枝燒毀。樹勢衰弱時勿混用夏油，可噴灑 44% 大滅松乳劑稀釋 1,000 倍。盡量使用動力噴霧機以增加防治效力（以防檢局公告之藥劑為準）。

圖 5.57 藥劑處理前生活的若蟲

圖 5.58 藥劑處理後死亡的若蟲

圖 5.59　枝條上的蟲膠

圖 5.60　在榕樹上危害的膠蟲

貳拾玖、棉絮粉蝨

學名： *Aleurothrixus floccosus* Maskell

分類地位： 半翅目，粉蝨總科（Aleyrodoidea）、粉蝨科（Aleyrodidae）。

寄主： 金露花、柑橘類、咖啡、香蕉、番石榴及風鈴木。

發生危害： 成蟲大多在上午 6～9 點羽化，雌蟲羽化隔天即可產卵，一生可產 50 粒（圖 5.61）。卵產於葉片氣孔附近，發育完成一世代需 4 週，一年 4～5 代。卵彎曲呈豆狀，卵於葉背呈同心圓分布（圖 5.62）。初期白色，後呈暗褐色至黑色，覆有成蟲之蠟質分泌物；卵具卵柄可插入植物組織內，具吸收水分功能。初孵化若蟲為透明，可自由活動，固著後呈黃色。若蟲發育過程分泌白色蠟質覆蓋蟲體如棉絮故而得名（圖 5.63、圖 5.64）。若蟲扁平橢圓形，若蟲體表覆蓋蠟絲、蜜露（圖 5.65）及蟲蛻，4 齡若蟲（圖 5.66）有如蛹期，體長 0.6 mm，成蟲由此羽化（圖 5.67）。成蟲體小，酷似白色小蛾，翅白色腹部黃色，多棲息於葉背，受驚擾時會飛起，短時間內又飛回葉背，成蟲壽命可達 24 天。蟲體細小，群體聚集於葉背棲息危害，除分泌棉絮狀之蠟質外，在吸食植物汁液後，分泌大量汁蜜露。掉落於下位葉之葉表面，除吸引螞蟻前來取食外，並可誘發煤汙病，阻礙植株行使光合作用，造成葉片提早老化及落葉（圖 5.68、圖 5.69、圖 5.70、圖 5.71）。由於其口器為刺吸式，成蟲隨風飄散，故具有媒介植物病原的潛力。

防治方法： 增列 20% 亞滅培水溶性粉劑及 25% 布芬淨可溼性粉劑等 2 種緊急防治藥劑。

藥劑名稱	每公頃每次施藥量	稀釋倍數（倍）	施藥時期及方法	注意事項
20% 亞滅培（acetamiprid）水溶性粉劑	0.2～0.3 公斤	4,000	害蟲發生時開始施藥，必要時隔 7 天施藥 1 次。	1. 本藥劑委託試驗之作物對象為聖誕紅。 2. 試驗時加展著劑 3,000 倍。
25% 布芬淨（buprofenzin）可溼性粉劑	-	1,000	害蟲發生時開始施藥，必要時隔 7 天施藥 1 次。	1. 本藥劑委託田間試驗之作物對象為聖誕紅。 2. 藥液應噴到葉背。 3. 對水生物毒性高。

行政院農業委員會動植物防疫檢疫局，中華民國 102 年 6 月 10 日防檢三字第 1021487122 號公告。

圖 5.61　雌蟲產卵危害（涂偉域 攝）

圖 5.62　卵於番石榴葉背呈同心圓分布

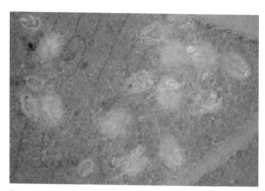

圖 5.63　若蟲分泌白色蠟質

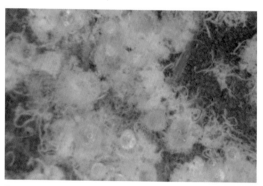

圖 5.64　若蟲聚集分泌白色蠟質及蜜露

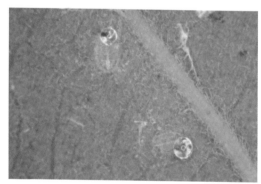

圖 5.65　若蟲分泌蜜露

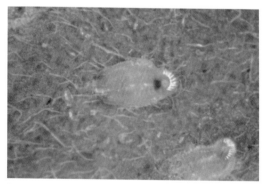

圖 5.66　4 齡老熟若蟲

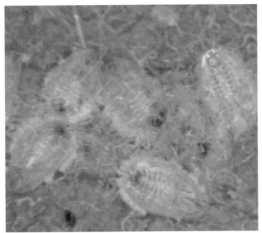

圖 5.67 羽化後殘留蛹殼

圖 5.68 棉絮粉蝨危害金露花（黃旌集 攝）

圖 5.69 風鈴木上的棉絮粉蝨（段淑人 攝）

圖 5.70 棉絮粉蝨危害番石榴（涂偉域 攝）

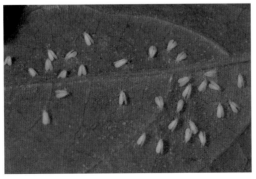

圖 5.71 成蟲聚集金露花葉背產卵（黃旌集 攝）

參拾、黃斑椿象

學名： *Erthesina fullo* Thunberg

分類地位： 半翅目，椿象科。

被害植物： 荔枝、龍眼、柑桔、相思樹等植物。

發生危害： 卵 12 顆卵於葉表，呈圓筒形。若蟲：初孵化幼體成群生活，後分散取食，以刺吸式口器吸食危害（圖 5.72）。成蟲：灰黑色，胸部背面，小盾板及半翅鞘上，有黃色斑紋，頭部中央線及側緣，前胸背前緣及側緣，皆呈黃色，前胸背之中央有黃色縱線，觸角及前翅膜質部為黑色，各腹節背面的側緣中央有黃色橫紋，前後呈脛節外側扁平呈翼狀，體腹面散布黃色斑紋。成蟲在葉面或樹幹上吸取組織的汁液，性活潑且有惡臭（圖 5.73）。一年 4、5 代。數量不多時，危害不很嚴重。

圖 5.72　黃斑椿象若蟲

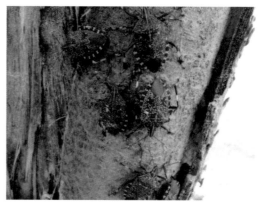

圖 5.73　聚集中的黃斑椿象

參拾壹、荔枝椿象

學名：　*Tessaratoma papillosa* Drury

分類地位：　半翅目，荔椿象科。

寄主：　荔枝及龍眼爲主要寄主，次要寄主如欒樹、柑橘、李、梨、橄欖及香蕉等。

發生危害：　具刺吸式口器，其成蟲及若蟲（圖 5.74）吸食寄主的嫩芽、嫩梢、花穗及幼果汁液，導致落花、落果，嫩枝、幼果枯萎和果皮黑化等，影響荔枝、龍眼產量與品質。通常以成蟲越冬，有群聚性，多於無風、向陽及較稠密的樹冠葉叢中或植株縫隙處越冬。翌年 3 月上旬當氣溫達約 16℃時，成蟲（圖 5.75）開始活動，於荔枝、龍眼枝梢或花穗上吸食危害，待性成熟後開始交尾產卵，卵多產於葉背，另亦發現其在枝梢、樹幹以及樹體以外的場所產卵。卵近圓球形，直徑 2.5～2.7 mm，常 14 粒卵相聚成塊，初產時呈淡綠色至淡黃色。若蟲體扁，腹部背面有白色條紋 2 條，由末節中央分別向外斜向前方，沿每 1 節背板兩側各有 1 黃色點，呈 2 條黃色條紋，後胸背板外緣伸長達體側。生活史包括卵、若蟲及成蟲 3 個時期。初齡若蟲有群聚取食現象，2 齡後逐漸分散危害，受到干擾時有假死現象，並掉落於地，但很快就往樹上爬；若蟲抗飢力強，可達約 7 日不取食，5 齡若蟲至成蟲間大量取食累積脂肪準備越冬，體內具較多脂肪的越冬成蟲對藥劑容忍度較強。荔枝椿象在受到驚擾時，會從腹部背面的臭腺中噴出具腐蝕性的臭液，作爲驅趕敵人之用，或 6 足會縮起掉落於地呈現假死狀態。人體在接觸到臭液後，剛開始會產生灼熱感或刺痛感，最後留下橘紅色的痕跡，少數人甚至可能會產生過敏反應。

防治方法：

(1) 物理防治：

①當溫度低於 10℃，越冬之荔枝椿象少活動，可搖動或敲打樹枝及枝葉，震落成蟲再予捕殺。

②於 4～5 月間荔枝椿象產卵盛期，摘除樹上卵塊銷毀。

③於主幹基部塗布一圈黏膠，防止掉落地面的若蟲爬回樹上危害，若蟲也

會被黏膠黏住而死亡。

(2) 生物防治：關於天敵的利用，1974～1994 年間，福建、廣東及廣州的荔枝
園於荔枝椿象產卵期間釋放平腹小蜂（*Anastatus* sp.）和 *Ooencyrtus* sp. 2 種
卵寄生蜂，有效防治荔枝椿象。

圖 5.74　荔枝椿象若蟲

圖 5.75　荔枝椿象成蟲

參拾貳、竹盲椿象

學名：　*Mecistoscelis scirtetoides*

分類地位：　屬半翅目，盲椿科。

寄主：　竹子。

發生危害：　竹盲椿象身體、足及觸角皆細長，形態似蚊子，俗稱「竹蚊子」。母蟲產卵於嫩葉表面靠近葉尖之葉緣處，卵呈長卵形，排成一列，長約 1 mm，乳白色透明狀。卵期約 4 天，近孵化時轉淡粉紅色。若蟲翠綠色，與成蟲體型相似，若蟲至成蟲約 18 天。成蟲（圖 5.76）體長約 6～8 mm，體色呈綠色或黃褐色，雌蟲身體較雄蟲為大，其產卵管長突出翅端，而雄蟲腹部被翅所覆蓋，壽命約 16～19 天。若蟲及成蟲均棲息於葉背刺吸汁液維生，破壞葉肉組織，使葉片葉綠素消失而白化（圖 5.77），進而造成整齊之白色四方形食痕，成為判斷竹盲椿危害之診斷特徵。大量危害時葉片無法有效行光合作用，致使養分累積受損，影響竹筍品質。一年中有 2 個高峰，第 1 個高峰在 1 月分，第 2 個高峰出現在 7 月。

防治方法：　最佳防治時機在 2～3 月時，此時竹盲椿象密度較低，且農民在此時清園留母莖，竹叢較小且稀疏，較適宜施藥，可及早將竹盲椿象族群壓制住（參考臺南區農業專訊第 46 期，16～19 頁，2003 年 12 月）。

圖 5.76　竹盲椿象成蟲

圖 5.77　受害葉片白化

參拾參、紅姬緣椿象

學名： *Leptocoris augur*

分類地位： 半翅目，姬緣椿象科。

寄主： 臺灣欒樹。

發生危害： 觸角絲狀，黑色，4 節。身體紅色，口器為刺吸式，吸食欒樹果實及枝幹汁液，經常聚集在樹幹、樹皮縫或樹基部。若蟲期翅芽黑色，成蟲期翅基部革質區為紅色，端部膜質區為黑色。成蟲有時產卵於欒樹果莢內，孵化的若蟲取食果實（圖 5.78），且因有聚集費洛蒙，會聚集在一起（圖 5.79），受驚擾時則會分散。平常若蟲會躲藏在樹下的枯葉或蒴果堆中，食物缺乏或有蟲體受傷時則會遭其他同伴自相取食。椿象將口器插入蒴果後，有時也會拖著蒴果行走並利用前腳來旋轉蒴果。一對雌雄蟲可交尾 9 次，平均交尾時間 101 分鐘。雌蟲前後共產 48 顆卵。（鍾毓庭等 47 屆中小學科展高雄縣大寮鄉山頂國民小學）本蟲無毒對人畜無害，僅於發生時數量驚人常引起民眾恐慌。

圖 5.78　取食果實

圖 5.79　若蟲群聚

參拾肆、杜鵑軍配蟲（杜鵑花花編蟲）

學名： *Stephanitis pyrioides* Scott

分類地位： 半翅目，軍配蟲科。

寄主： 杜鵑花。

發生危害： 卵乳白色香蕉形；若蟲複眼發達呈紅色，體扁平暗褐色善於爬行；成蟲黑褐色，體小而扁平長約 4 mm；前胸背板發達，向前延伸蓋往頭部，具網狀花紋；前翅布滿網狀花紋。成蟲體長約 3.5～4 mm。上翅透明，具有彩虹般金屬反光。杜鵑軍配蟲是臺灣花卉害蟲中最常見的一種，成蟲（圖 5.80）和若蟲會成群聚在杜鵑花科植物嫩葉葉背吸食汁液，造成煤斑與病變。每年春、夏季發生較嚴重，卵產在較隱蔽的葉背；若蟲群聚在葉背吸食汁液，排洩糞便在葉片上留下黑色斑點，使葉背呈黃銹色，朝上的葉面失去葉綠素出現白斑，繼而使全葉呈灰白（圖 5.81）。其危害使植株生長緩慢，枝條發育不良，提早落葉，若蟲約經 20 天發育為成蟲，北部較南部為嚴重。

圖 5.80　杜鵑軍配蟲成蟲

圖 5.81　葉面危害狀

CHAPTER 6

鱗翅目害蟲

壹、榕樹舞毒蛾

學名： *Lymantria iris* Strand (1911)

分類地位： 鱗翅目（Lepidoptera）、裳蛾科（Erebidae）。

寄主： 茄冬、赤楠、楓香、欖仁樹、榕樹及菩提樹等闊葉樹。

發生危害： 成蟲出現於 2～3 月及 9～10 月，成蟲有趨光性，幼蟲黑褐色具有暗褐色長毛，其幼蟲、繭、成蟲均有毒。幼蟲有群聚取食之習性，白天躲在樹幹或接近地面的黑暗洞穴中，待夜色灰暗後才爬上枝條取食葉片，老熟幼蟲躲在洞穴中化蛹，在榕樹大發生時，將葉片哨食殆盡只剩枝條，留下滿地之糞便（圖 6.1、圖 6.2）。曾發生於霧峰鄉霧峰國中、東海大學榕樹及中興大學菩提樹及小公園，發生密度高時會伴隨毒素病及白殭菌之爆發，使害蟲密度驟降。

防治方法：

(1) 於傍晚施用蘇力菌。

(2) 利用燈光誘殺成蟲。

圖 6.1 榕樹舞毒蛾蛾幼蟲危害狀

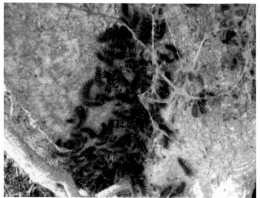

圖 6.2 榕樹舞毒蛾蛾幼蟲

貳、柑毒蛾

學名： *Dasyhira mendosa* Hübner

分類地位： 鱗翅目，裳蛾科。

寄主： 玫瑰、柑桔、茶樹等多種植物。

發生危害： 卵為圓球形，雌蟲產卵塊。幼蟲頭部赤色，體表散布灰色斑點，背方有數個突起的黃色、白色及黑色毛塊及紅色瘤突，體長約 3.5 cm。幼蟲啃食嫩葉或嫩枝，新梢葉片或嫩枝遭啃食而無法生長，幼蟲食量大且具群居性，被害葉片往往僅剩主脈或殘存葉柄（圖 6.3、圖 6.4）。蛹為黑褐色，有薄繭，結在枝葉間。公園內綠化之小葉欖仁樹遭遇柑毒蛾危害，該蟲群聚取食，地面散落大量排遺之糞便，樹葉遭風吹動幼蟲垂絲下降，具有毒毛之蟲蛻隨風飄散，若接觸皮膚造成紅腫搔癢之過敏反應。

防治方法：

(1) 清理園中的雜草及枯枝落葉，可減少害蟲的棲息與化蛹場所。

(2) 種植前深翻土壤，使潛伏土中蛹曝露於外，增加害蟲死亡機會。

(3) 搜尋並摘除葉片上的卵塊，以及群集的初齡幼蟲。

(4) 選用微生物製劑蘇力菌進行防治。

圖 6.3 柑毒蛾幼蟲

圖 6.4 掉落糞便

參、烏桕黃毒蛾

學名： *Arna bipunctapex* (Hampson, 1891)

分類地位： 鱗翅目，裳蛾科。

寄主： 烏桕、山桕、杜英、油桐、枇杷、茄苳、楓香、女貞、樟樹、油茶、柿、桑、山黃麻等多種。

發生危害： 幼蟲老熟時體長為 28 mm 左右。頭黑褐色，體黃褐色，體背部有成對黑色毛瘤，其上長有白色毒毛。幼蟲體背有 2 枚較黑而明顯的黑斑，又稱雙斑黃毒蛾，幼蟲群居性，沿樹幹、枝條，往末端取食葉片。蛹褐色，臀部有鉤刺。繭黃褐色較薄，附有白色毒毛。成蟲白天蟄伏不動，通常在夜晚活動，具趨光性強。幼蟲群集危害，3 齡前取食葉肉，留下葉脈和表皮，使葉變色掉落，3 齡後全葉取食；4 齡幼蟲則將幾枝小葉以絲網纏結一團，隱蔽在內取食危害。幼蟲喜歡群聚在樹幹上，每蛻一次皮就往樹幹下方移動，習性十分特別。有一案例發生於臺中工業某工廠，在圍牆外將烏桕樹整株取食殆盡（圖 6.5），經由圍牆大舉爬行入侵圍牆內（圖 6.6），近一步取食種植在圍牆邊小葉欖仁樹，由於密度太高且隨風飄散，工作人員遭其騷擾造成皮膚過敏。

▌圖 6.5 烏桕葉片被取食殆盡

▌圖 6.6 幼蟲入侵圍牆內

肆、小白紋毒蛾

學名： Orgyia postica (Walker)

分類地位： 鱗翅目，裳蛾科。

寄主： 九芎、相思樹、大葉合歡、錫蘭橄欖、盾柱木、木麻黃、茄冬、山黃麻、青楓、柳樹、赤楠、楓香、欖仁樹等闊葉樹。

發生危害： 雄蛾灰褐色有翅，雌蛾終生無翅棲息於繭上，雌蛾利用性費洛蒙吸引雄蟲前來交尾。雌蛾將卵產於繭上，卵塊上並覆有稀疏之雌蛾體毛。孵化後之幼蟲成群棲息，啃食新梢或針葉等幼嫩部位，隨蟲齡增加而分散（圖6.7）。幼蟲背上有4叢黃色或黃白色毛叢，左右各有2根白色毛束，頭部前方兩側邊各有一根黑色毛叢。幼蟲顏色隨季節改變，夏季顏色較淺，冬季顏色較深。老熟幼蟲（圖6.8）於植株之樹皮或老葉背上結繭化蛹（圖6.9），幼蟲食性極雜可危害多種作物或植物。曾經入侵茶園，將整排茶樹葉片取食殆盡，只剩光禿禿的枝條。蛻皮及毒毛會造成皮膚過敏，使採茶工人不願入園採茶（圖6.10）。

防治方法：

(1) 摘除卵、繭將之焚毀。

(2) 選用蘇力菌或除蟲菊等低毒性藥劑（以防檢局公告之藥劑為準）。

圖6.7　群聚取食的小白紋毒蛾

圖6.10　老熟幼蟲（江允中 攝）

圖 6.9　蟲繭（江允中 攝）

圖 6.10　被小白紋毒蛾危害的茶園

伍、臺灣黃毒蛾

學名： *Euproctis taiwana* Shiraki

分類地位： 鱗翅目，裳蛾科。

寄主： 葡萄等多數果樹、蔬菜、高粱、玉米等。

發生危害： 卵塊上蔽母蛾之黃色尾毛。卵期夏季為 3～6 日，初孵化幼蟲（圖 6.11）群集棲息葉背，剝食葉肉，僅留表皮。2 齡後分散，取食葉肉、果實。也會危害花朵部分，促使落花、落果或使果實失去商品價值。幼蟲期夏季 13～18 日，幼蟲具毒毛，觸及皮膚紅腫發痛。蛹黃褐色，夏季 8～10 日。成蟲（圖 6.12）的頭、觸角、胸部、前翅有黃色鱗毛。白天潛伏於樹幹上，至傍晚時開始活動產卵，將 20～80 粒卵產於葉片上。

防治方法： 發現害蟲時，可使用 24% 納乃得溶液稀釋 1,000 倍，每隔 7 天施藥一次，每公頃 1～1.2 公升藥量，採收前 8 天須停止施藥（以防檢局公告之藥劑為準）。

圖 6.11　黃毒蛾幼蟲

圖 6.12　黃毒蛾成蟲

陸、黑角舞蛾

學名： *Lymantria xylina* Swinhoe

分類地位： 鱗翅目，裳蛾科。

寄主： 木麻黃、荔枝、龍眼、血桐。

發生危害： 成蟲觸角爲黑色，胸部及翅呈白色，前翅中部有波浪狀之線條，外緣有 7～8 個棕黑色斑點。雄蟲體型較小，觸角呈羽毛狀，在林中利用齒角追蹤雌蟲分泌之性費洛蒙進行求偶交尾。雌蟲體型較大觸角爲節齒狀，交尾後攀附於枝條上沿枝條產卵塊，卵包覆在丘狀之長橢圓形卵塊中，外表被覆黃褐色到灰褐色之鱗毛（圖 6.13）。幼蟲（圖 6.14）頭部黃色，側額片黑色，因之其顏面呈八字形之黑紋。胴部灰黑與黃褐色相間，各節有明顯的瘤突 3 對，瘤突顏色隨體節而有變化，有藍色、紫紅色、黃白色、紅褐色、黑褐色，各瘤突上長有成束的黑褐色刺毛。幼蟲受驚擾時會垂絲飄盪，不知覺時會爬附於衣服上，若皮膚接觸會造成刺痛、過敏紅腫及發癢。此蟲早期危害海邊防風林之木麻黃，近年來向島內入侵沿八卦山脈擴散，嚴重危害荔枝及龍眼等果樹，成蟲（圖 6.15）羽化時被燈光誘引而入侵民宅，並就近於牆上產卵造成騷擾。幼蟲雜食性，可危害多種植物，啃食荔枝樹的嫩葉及花朵，嚴重時造成植株枯死（圖 6.16）。

防治方法： 黑角舞蛾之防治可參考防檢局公告之藥劑，使用 2.8% 賽洛寧乳劑稀釋 1,000 倍進行防治。

圖 6.13 產卵中的雌蛾

圖 6.16 受害株結果稀疏

圖 6.14 黑角舞蛾 5 齡幼蟲

圖 6.15 黑角舞蛾雄成蟲

柒、榕樹透翅毒蛾

學名： *Perina nuda* (Fabricius)

分類地位： 鱗翅目，裳蛾科。

寄主： 榕樹。

發生危害： 中型蛾類，雄蛾觸角羽狀，前翅前端透明，基部黑色，透翅毒蛾之便由此而來，雌蛾體型較雄性大，淡黃色散布黑色小點（圖 6.17）；幼蟲在幼齡時為黑黃色，體表布有紅色肉瘤，老齡幼蟲為黑白色及紅色肉瘤，色彩鮮明具警戒色（圖 6.18）。蛹（圖 6.19）呈紡錘狀淺黃色，背面黑褐色及葉綠色相間。卵呈紅色狀如柿餅。幼蟲取食榕樹植物，通常分布在葉表及枝幹，有時會在近地表之樹幹出現。身上的刺毛有毒不可觸碰，幾乎全年可見。

圖 6.17　榕樹透翅毒蛾蛾雄成蟲（左），雌成蟲（右）

圖 6.18　榕樹透翅毒蛾卵及幼蟲

圖 6.19　榕樹透翅毒蛾蛹體

捌、大避債蛾

學名： *Eumeta pryeri* Leech

分類地位： 鱗翅目，簑蛾科。

寄主： 龍柏、番石榴、欖仁樹、茶樹、榕樹等。

發生危害： 成蟲為褐色至黑褐色，雄蟲有翅可飛行找雌蟲交尾。雌蟲體淡黃翅退化，只能在巢袋中等待雄蟲，交尾後的雌蟲將卵產於袋內，孵化的幼蟲由巢袋底部爬出，吐絲飄散至他處。幼蟲頭部黑褐色、胸足發達，吐絲將寄主枝葉編織成巢袋，外面附有破碎葉片、斷枝及葉脈等物，老熟幼蟲之簑巢長50～70 mm，掛於枝條上縱列懸垂，如簑衣一般（圖 6.20）。將自己躲藏其中，休息時吐絲將巢袋懸吊於枝葉上，取食時才將頭部伸出袋外。幼蟲活動取食時負簑巢移動，簑巢隨幼蟲發育而加大（圖 6.21）。

防治方法：

(1) 摘除簑巢，尤其在冬季修剪枝條時摘除成蟲簑巢收效更佳。

(2) 成蟲具趨光性，夜間用燈光誘殺。

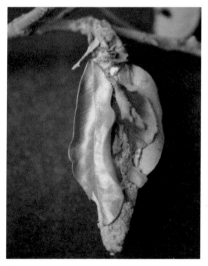

圖 6.20　大避債蛾簑巢

圖 6.21　爬行中的大避債蛾幼蟲

玖、四黑目天蠶蛾

學名： *Saturnia pyretorum* (Westwood, 1847)

分類地位： 鱗翅目，天蠶蛾科。

寄主： 樟樹、楓香。

發生危害： 成蟲翅為灰黑色，為中型蛾類，雄蟲展翅 7.5～8.5 cm，雌蛾 10.5～11 cm，由於前後翅各有 4 個明顯的黑色眼狀之斑紋而得名。本蟲腹部短胖，並有許多黑色之短毛，雌蛾產卵時會將尾毛覆蓋於卵粒上作為掩護，而不易被天敵發現。幼蟲的食草植物為楓香及樟樹，完成生活史需 1 年的時間，老熟幼蟲為鮮豔的黃色，有藍色縱向的條紋，體表長有棘突上有白色細毛，4～5 月時可在林場大草原的停車場旁的楓香上發現成群的幼蟲殘食葉片（圖 6.22），或在樹幹上爬行（圖 6.23）及吐絲化蛹於樹枝及樹幹上。

▌ 圖 6.22　被吃光葉片的楓香

▌ 圖 6.23　爬在樹幹上的幼蟲

拾、黃帶枝尺蛾

學名：　*Milionia zonea pryeri*

分類地位：　鱗翅目，尺蛾科。

寄主：　竹柏、羅漢松、蘭嶼羅漢松等等羅漢松科植物。

發生危害：　本種前翅爲黑色底，中央有一條黃色帶；後翅同爲黑底，外緣有一條黃色寬帶，內有 6 枚橢圓形黑色斑與一個黑點。成蟲白天在寄主植物附近飛行及交尾，雌蛾將卵產在樹幹或枝條間隙。幼蟲體表呈黑白網紋，體側有黃色條狀斑紋，休息時斜立偽裝成枝條。族群大發生時，幼蟲食量大可將樹葉啃食殆盡留下枝條，並繼續啃食樹皮，持續危害使樹木耗損衰弱，無法發芽長葉蓄積養分造成樹木枯死（圖 6.24、圖 6.25）。幼蟲取食竹柏、羅漢松，竹山某寺廟由於戒律之故不得殺生，以致百年羅漢松經年遭此蟲危害，最後做成花瓶基座，置於供臺陪伴佛祖青燈。分布臺灣各地平地至低山區，一年約 3 代，以 3、6、9 月爲主要危害時期。

防治方法：　可以 50% 加保利可溼性粉劑稀釋 600 倍，於清晨時進行藥劑噴灑，每隔 10 天噴一次，前後共 3 次。同時，翻鬆表土施用藥劑於土壤，使其完全溼透爲止，撲殺蛹體（以防檢局公告之藥劑爲準）。

圖 6.24　黃帶枝尺蛾在竹柏樹大量取食葉片

圖 6.25　嚴重危害整株僅留下枝條

拾壹、咖啡木蠹蛾

學名： *Zeuzera coffeae Nietner*

分類地位： 鱗翅目，木蠹蛾科。

寄主： 葡萄、荔枝、龍眼、咖啡、茶樹及喜樹等 82 種果木、特用作物、花卉、蔬菜等。

發生危害： 卵為圓形或長圓形，黃色，卵期 9～12 日。幼蟲體圓柱形，表皮柔軟赤紅色。幼蟲多從幼嫩枝條及腋芽間取食，鑽入枝條的木質部蛀食，糞便則自侵入口排出（圖 6.27）。被害枝條因水分不能送達而枯萎，以致植株生長受阻，甚或全樹枯死，危害非常嚴重。幼蟲（圖 6.26）老熟即化蛹於食孔中，蛹褐色。屬於被蛹，羽化時常將蛹殼半露於外。成蟲體、翅皆被白色鱗毛及鱗片，前翅上散布青藍色胡麻斑點，後翅的斑點稀疏而色淺。雄蟲斑點為黑色，觸角下半部呈羽毛狀。3～4 月及 9～10 月為其羽化期，成蟲產卵於樹幹、枝條間隙或腋芽間。

防治法： 防治適期應於成蟲產卵和幼蟲孵化期間實施。巡園、修剪，被害枝條立即剪除燒毀。若發現幼蟲蛀孔，可用鐵絲插入孔內，刺死幼蟲。一般防治適期在 4 月上旬，成蟲羽化期及幼蟲尚未蛀食植株前，施用 40.64% 加保扶水懸粉劑 1,200 倍稀釋液，每隔 15 天噴藥一次，採收前 20 天停止施藥。

圖 6.26 　木蠹蛾幼蟲

圖 6.27 　蛀孔及糞便

拾貳、黃野螟蛾

學名： *Heortia vitessoides* Moore

分類地位： 鱗翅目，螟蛾科。

寄主： 土沉香、沉香。

發生危害： 此害蟲是土沉香的主要害蟲。根據廣東省中山市森林病蟲害防治檢驗站陳志云等人 2011 年報告指出，經過室內及野外的觀察，可以發現土沉香黃野螟蛾一年可以發生 6 代。11 月下旬以老熟幼蟲入土化蛹越冬，翌年 4 月初羽化。成蟲趨光性弱，26℃條件下，卵期 6.6 天，幼蟲期 14.1 天，預蛹期 2.9 天，蛹期 9.8 天，雌、雄成蟲壽命分別為 8.7 及 8.6 天。幼蟲共 5 齡，1～4 齡具群集性，5 齡的取食量占幼蟲期的 70.24%。卵主要分布於寄主樹冠下層嫩葉端部的背面，卵多呈魚鱗狀排列成塊狀，分布在葉片背面主脈的一側，多位於葉端部（占 92.96%）；一般每葉僅 1 塊卵，平均卵量為 203±43.7 粒／塊，平均孵化率為 93.4%±2.7%。幼蟲吐絲群聚取食，在短時間將葉片取食殆盡，甚至啃食幼嫩枝幹、樹皮、花器及幼果，且會即刻遷移轉進到新的枝條，於地表殘留黑色糞便，嚴重時植株殘留空蕩蕩的枝條（圖 6.28）。據澳洲的報導，該地區也曾遭受危害造成數百棵植株受害，最後利用自然發生之桿狀病毒生物製劑 Gemstar，達成防治工作。本研究室在室內飼養時，也發現兩盒飼養箱幼蟲自然發病集體死亡，顯示該蟲族群潛伏感染病毒，在擁擠或食物缺乏時，會自然發病。

防治方法： 該蟲無毒，可用一般家庭用殺蟲劑處理，或將聚集之幼蟲之條剪下，裝入塑膠袋中密閉於陽光曝晒熱死。

圖 6.28　1. 幼蟲群聚取食葉片。2. 幼蟲群聚取食果實。3. 成蟲背面觀。4. 成蟲腹面觀。

拾參、綠翅褐緣野螟

學名：　*Parotis margarita* (Hampson, 1893)

分類地位：　鱗翅目，草螟蛾科。

寄主：　黑板樹。

發生危害：　屬中小型蛾類，成蟲翠綠色，前翅邊緣為褐色，幼蟲呈黃褐色，蟲體有黑色斑點。每年自 5 月起開始發生，幼蟲取食黑板樹嫩葉。吐絲將兩片葉片黏合，躲藏其中取食葉肉，留下一層白色薄膜，同時排遺黑色糞便，風吹及乾燥時掉落地面。幼蟲受驚嚇時會後退，並吐絲墜落。幼蟲老熟後，身體轉為粉紅色，在被害葉片中吐絲化蛹。大量危害時樹頂葉片白化，嚴重時造成落葉（圖 6.29）。2008 年 6 月 19 日自由時報報導臺北縣首度出現大規模黑板樹蟲害，新店市中央路一塊兩千坪的農地，上千棵黑板樹疑似因樹種過於聚集，吸引大量蛾的幼蟲附著繁殖，造成嚴重危害，過去也曾在彰化與金門發生大規模蟲害。

防治建議：　可施用 85% 加保利（Carbaryl）可溼性粉劑稀釋 1,000 倍後，噴灑於葉片進行防治（以防檢局公告之藥劑為準）。

公園綠地樹木害蟲與維護管理

圖 6.29　1. 躲藏於綴葉中取食的幼蟲。2. 被危害後之黑板樹葉片稀疏。3. 老熟幼蟲。4. 羽化後之成蟲。

拾肆、綴葉叢螟

學名： *Locastra muscosalis*

分類： 鱗翅目，螟蛾科、聚螟亞科。

寄主： 黃連木、核桃、木橑。

發生危害： 屬卵粒片狀，肉紅色，橢圓形（0.8×0.6mm），排列緊密，卵塊爲魚鱗狀，上覆膠質物，卵殼布滿網狀飾紋。幼蟲體黑色胴部背線深棕色寬闊，初孵幼蟲呈乳黃色，行動活潑，常群聚於卵殼周圍爬行，並吐絲將幼嫩枝條及葉片綴結成網幕，在其中取食葉片表皮和葉肉，殘存葉脈。3～5 天後，吐絲綴結多數小枝成大巢，取食其中，蛻皮及糞便也堆積巢內。隨著蟲齡增大，食量增加，由一窩分散成幾群，繼續綴結幼嫩枝葉爲巢，咬食葉片嫩枝，食盡葉片後，又重新綴巢危害（圖 6.31），整株寄主可見數叢綴巢及光凸枝條。老熟幼蟲（圖 6.30）一頭拉一網，將樹葉捲成筒形，白天靜伏葉筒內，多於夜間取食、活動。其後遷移到地面，在根部周圍的雜草、枯落物下或疏鬆表土中，結繭化蛹。

防治方法： 發生嚴重時，用 50% 速滅松乳劑 1,500～2,000 倍液，或 40% 陶斯松乳油 800～1,000 倍液，於晴日上午噴灑巢網，均可收到良好效果（以防檢局公告之藥劑爲準）。

圖 6.30 老熟幼蟲

圖 6.31 綴結枝條成巢

拾伍、鳳凰木夜蛾

學名： *Pericyma cruegeri*

分類地位： 鱗翅目，夜蛾科。

寄主： 蘇木亞科（Caesalpiniaceae）種類的葉為食，包括雙翼豆（*Peltophorum pterocarpum*）和鳳凰木（*Delonix regia*）。

發生危害： 幼蟲顏色多變常見者有綠色及紅棕色。幼蟲（圖6.32）孵化後群聚於嫩葉處取食，將鳳凰木的小葉啃光留下葉柄，造成樹葉稀疏（圖6.33）。當樹葉快被吃盡時，幼蟲有群集轉移的習性，爬下地面遷移到鄰近的鳳凰木上。幼蟲受驚後迅速爬行或吐絲下垂，密度擁擠時，會用力甩動身體攻擊其他個體，末齡幼蟲還會彈跳落地，棲息時拱成橋形，蛻皮後能食盡舊的蛻皮。老熟幼蟲在寄主樹上或爬到其他樹上和雜草上綴葉結繭化蛹。多半生活在熱帶地區，一年發生8～9代，特別是7～8月分氣溫較高時是牠們的最愛的氣候環境，卵期3天，幼蟲期14～20天。前蛹期2天，蛹期8～9天。成蟲於夜間6～12點羽化，7～19點為羽化盛期。雌、雄性比例約為1：1.1。根據專家及學者解釋，最近氣候高溫、多溼，加上沒有颱風，及天敵的壓制力量不足，容易造成夜蛾幼蟲「大發生」。

▌ 圖6.32　鳳凰木夜蛾幼蟲　　▌ 圖6.33　只剩葉柄的鳳凰木

拾陸、彩灰翅夜蛾

學名： *Spodoptera picta*

分類地位： 鱗翅目，夜蛾科、雜夜蛾亞科。

寄主： 文殊蘭、蜘蛛蘭。

發生危害： 分布地點包括日本、印度、斯里蘭卡、菲律賓、新加坡、澳大利亞、廣東及臺灣。成蟲中小型（圖6.34），前翅底色白色，中外線為齒狀波浪紋，上、下緣黑色，翅脈白色條狀明顯，中室內有一枚A字紋，外線至外緣白色。本種分布於低海拔山區以文殊蘭為寄主，海邊環境常見。

母蟲交配成熟後，將卵塊產於文殊蘭葉片或葉背，卵塊淺咖啡色，上覆蓋有母蟲分泌隻絨毛物。幼蟲孵化後群聚取食葉表之葉肉，有時會留下部分殘食之薄層葉表，造成乾枯薄片狀。隨著幼蟲成長到2齡，幼蟲才逐漸向外分散，且取食量大增。起初可見黑色糞便殘留在被害葉片上，同時可見整群幼蟲聚集（圖6.35），將整片葉片由末端向心葉處蠶食殆盡。文殊蘭被害後，植株葉片由外圍開始黃化（圖6.36），可能由於被害葉片表面受害，表面之蠟質保護層消失，水分大量蒸散，葉片澎壓消失，使葉片軟化、下垂，最後乾枯形似燒焦狀。幼蟲老熟（圖6.37）成長到5齡後，幼蟲頭部紅色，身體線條鮮明，體背灰白色密生6條白色細縱紋，中線黃色，此時食量大增，對植株危害加大，且向心葉入侵，蟲體躲在葉片環繞的夾層中，植株附近地表散落大量糞便，老熟幼蟲則移到隱蔽處或到土中化蛹。被害嚴重時，整株只剩下莖頭，且幼蟲仍在其中鑽食，造成黑化，最後整株死亡。

▌圖 6.34 雌成蟲

▌圖 6.35 幼蟲群聚取食

▌圖 6.36 植株黃化

▌圖 6.37 老熟幼蟲

拾柒、茄冬斑蛾

學名： *Histia flabellicornis ultima* (Hering, 1922)

分類地位： 鱗翅目，斑蛾科。

寄主： 茄冬樹。

發生危害： 斑蛾爲日行性蛾類，僅於白天覓食與交配。成蟲觸角爲櫛齒狀，末端捲曲，前翅黑色翅脈間爲白色，後翅頂角凸出狀似尾突，基部爲帶有藍色金屬光澤的或藍綠色，外側爲黑色，腹部背面黑紅相間。幼蟲（圖6.38）以黑色爲底頭尾背方具白色區塊，體表有6條縱向排列紅色突起的肉棘，與麝鳳蝶類的蝴蝶幼蟲長相相似。初化蛹爲金黃色，近羽化時頭部胸部及內生翅芽爲黑色，腹部則爲紅色。幼蟲以口器囓食茄苳葉片，嚴重發生時，葉片光禿，滿地蟲糞，幼蟲被絨繭蜂（圖6.39）寄生的機率頗高（圖6.40）。

圖 6.38　茄冬斑蛾幼蟲

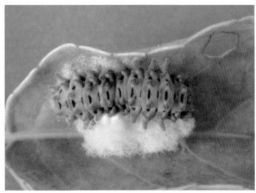

圖 6.39　絨繭蜂

圖 6.40　茄冬斑蛾幼蟲被絨繭蜂寄生

拾捌、青黃枯葉蛾

學名： *Trabala vishnou guttata* (Matsumura, 1909)

分類地位： 鱗翅目，枯葉蛾科。

寄主： 櫟樹、桉栗、相思樹、欖仁樹等。

發生危害： 雌雄蟲顏色及花紋不同，雄蟲為淺綠色，雌蟲為黃色（圖 6.41），且前翅後緣基部有一大塊之褐斑。成蟲在停憩時，後翅往往突出前翅前緣，為本蟲的生態特徵。幼蟲體表多毛，具有毒性，在頭後方左右各有一束黑色長毛，各節有圓形黑斑，雄性幼蟲為灰白色（圖 6.42），雌性幼蟲為黃褐色（圖 6.43），食性廣。公園中常見其危害欖仁樹，嚙食葉片地表殘留糞便，大多於葉片棲息，但老熟時也可在樹幹上發現其蹤跡。惠蓀林場在 5、6 月時可在杜鵑花及櫻花上看到許多幼蟲，老熟時在枝條上吐絲結繭成雙駝峰狀（圖 6.44），化蛹於繭中。

圖 6.41　枯葉蛾雌性成蟲（黃色）

圖 6.42　枯葉蛾雄性幼蟲（灰色）

圖 6.43　枯葉蛾雌性幼蟲（黃色）

圖 6.44　枯葉蛾雙駝峰之繭

拾玖、透翅天蛾

學名： *Cephonodes hylas* (Linnaeus, 1771)

分類地位： 鱗翅目，天蛾科。

寄主： 茜草科仙丹花、咖啡及黃梔花。

發生危害： 幼蟲大多為綠色，取食黃梔花或咖啡，腹部末端有一尾角為天蛾科幼蟲的主要特徵。幼蟲有綠色及褐色兩型，綠色者體側有白線，各有 9 個黑點，下方有黃橙色斑紋。蟲體無毛有光澤，身上有很多皺摺。4、5 齡幼蟲食量大，嚴重發生時可將植株葉片食盡，老熟幼蟲潛入土中化蛹，蛹期最長可達數月或半年。成蟲（圖 6.45）口器發達，可停滯空中，伸出長長的喙深入花筒中吸食花蜜，不用時可捲縮於頭下方。翅透明不披鱗片，腹部有紅色及黃色的環帶具有警戒作用，成蟲活動力強善飛行，白天在花叢間取食花蜜，常有人誤認為蜂鳥，出現時間在 5～8 月間。

▋ 圖 6.45 透翅天蛾成蟲

貳拾、夾竹桃天蛾

學名： *Daphnis nerii*

分類地位： 鱗翅目，天蛾科。

寄主： 夾竹桃、黑板樹。

發生危害： 中大型蛾類，成蟲（圖 6.46）翠綠色，前翅花紋複雜，前翅基部有一眼狀斑紋，內含一黑褐色小斑點，與茜草白腰天蛾十分相似，但是前翅中線呈泛粉紅色，且後者之翅面為暗綠色，為其最大的區別；幼蟲綠色，頭部後方有眼狀斑紋，受到驚嚇時會拱起身體，膨大眼狀斑紋，以嚇唬天敵。每年約有兩個世代，成蟲發生於 5～6 月及 10～11 月，幼蟲取食幼苗的嫩葉，由於幼蟲取食量極大，會將整株苗葉部取食殆盡，對苗木的生長影響大，反而較少危害大樹，老熟幼蟲（圖 6.47）在土裡化蛹；成蟲趨光性並不強。寄主植物除了黑板樹以外，其他尚有夾竹桃科的馬茶花、日日春、夾竹桃等植物。近年來臺中地區以黑板樹為行道樹及校園綠美化樹種，故經常接獲學校老師及民眾詢問，黑板樹下發現奇怪的大隻毛毛蟲，通常即是本蟲的老熟幼蟲爬下樹幹欲至土裡化蛹。

圖 6.46　成蟲

圖 6.47　老熟幼蟲

貳拾壹、桃線潛葉蛾

學名：　*Lyonetia clerkella* L.

分類地位：　鱗翅目，潛葉蛾科。

寄主：　桃、杏、李、櫻桃、蘋果、梨。

發生危害：　幼蟲（圖 6.48）潛食危害桃葉，在葉片上形成線形彎曲狀孔道，並將糞粒充塞其中。受害葉片的表皮不破裂，由葉面透視，清晰可見其中之幼蟲（圖 6.49），發生嚴重時單一葉片有孔道可達 10 餘個，初期危害常沿著葉緣成線狀危害易被忽略，部分幼蟲螺旋危害導致葉片形成穿孔，農民誤判為細菌性穿孔，以殺菌劑防治，延誤防治時機造成嚴重危害，使葉片功能喪失並提前脫落，影響果實生長和次年花芽的形成。老熟幼蟲體長 4.8～6 mm，體淡綠色，胸足黑褐色，稍扁。老熟幼蟲脫離隧道，吐絲下垂掉落於下方雜草表面，結絲繭兩端結絲固定。蛹呈半裸，觸角、胸足外露，被白色絲繭；繭兩端有黏於葉片的細長絲 2 根。成蟲為白色小蛾。

防治方法：

(1) 田園管理加強田間衛生。

(2) 燈光誘殺成蟲。

(3) 藥劑防治賽滅寧、賽洛寧、芬普寧（Fenpropa-thrin）及芬化利對桃潛葉蛾也有很好的防治效果（以防檢局公告之藥劑為準）。

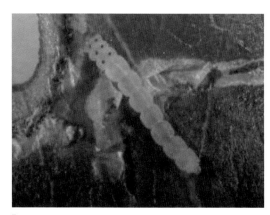

圖 6.48　桃線潛葉蛾幼蟲

圖 6.49　桃線潛葉蛾幼蟲危害狀

貳拾貳、柑橘潛葉蛾

學名： *Phyllocnistis citrella* Stainton

分類地位： 鱗翅目，潛葉蛾科。

寄主： 柑橘類、月橘和枳殼。

發生危害： 幼蟲咀嚼是口器，孵化後就近潛蛀葉肉組織內，潛食表皮以下之葉肉，在葉片內蛀食成蜿蜒曲折的隧道，留下透明表皮。老熟幼蟲潛食至葉片邊緣，將葉緣捲起，在其中結繭化蛹，使被害葉緣形成縱向捲曲。被害部位多以嫩葉爲主，影響枝條發育，嚴重時一葉會有數隻幼蟲危害，尚未結果的幼株被害較烈，有時也會危害嫩枝或幼果（圖 6.50、圖 6.51），通常被害葉的總面積若在 20% 左右時，不會對柑橘造成明顯的損傷。成蟲爲銀白色小蛾。在臺灣全年出現危害柑橘嫩葉，年發生 10 代以上，一般春稍期即有少量發生，但危害較輕微，至夏稍期，則大肆發生。

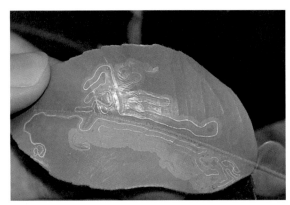

圖 6.50　幼蟲潛食葉肉（江允中 攝）

圖 6.51　幼蟲潛食果皮

貳拾參、黑鳳蝶

學名：　*Papilio protenor amaura* Jordan

分類地位：　鱗翅目，鳳蝶科。

寄主：　柑橘、雙面刺、賊子樹。

發生危害：　幼齡幼蟲取食柑橘嫩葉，老熟幼蟲多食老葉，苗木和未結果樹受害較烈。成蟲翅黑色具淡黃色斑紋，卵產於柑橘嫩芽和葉上，卵球形散產，1～3齡幼蟲之胴體呈灰褐色，有白色斑紋，鳥糞狀，4～5齡時轉變呈綠色及白色斑紋，具擬態和保護作用。頭胸背前方有1對臭角（圖6.52），受到干擾時，常突然翻出，並放出橘皮的酸臭味，具有化學防禦作用。黑鳳蝶其翅膀背面幾乎全部漆黑，黑鳳蝶的體型較大，但不具尾突，許多初次賞蝶的人會將其和大鳳蝶的雄蟲混淆。其實，只要稍加注意，還是不難分辨的。黑鳳蝶的後翅腹面只有在外上面及內側下方有少許紅紋，而臺灣鳳蝶的後翅腹面則大部分為紅色鱗片所覆蓋，至於大鳳蝶雄蟲則在其後翅背面覆蓋了很大區域的藍銀色鱗片。黑鳳蝶為常見的蝶類，自平地到山地皆可見，成蟲（圖6.53）飛行緩慢，常會沿蝶道飛行。其食草很多，除了常見的柑橘外，尚有雙面刺、賊子樹等。在野外若悉心注意，不難在其寄主植物上發現其蹤跡。

圖 6.52　伸出臭角的幼蟲

圖 6.53　黑鳳蝶成蟲

貳拾肆、東昇蘇鐵小灰蝶

學名： *Chilades pandava peripatria*

分類地位： 鱗翅目，灰蝶科。

寄主： 臺東蘇鐵、琉球蘇鐵。

發生危害： 雄蝶翅表為帶金屬光澤的藍紫色，尾狀突起基部有個明顯的黑點，雌蝶翅表為黑褐色，下翅內側有不明顯的白色圈狀斑紋，尾狀突起基部的黑點較雄蝶明顯。翅膀腹面雌雄相同，底色淺褐色，具有褐色波浪狀斑紋。東昇蘇鐵小灰蝶原只跟臺東蘇鐵在臺東縣境內蘇鐵保護區內共同演化，而一直未被發現。近 20 年來因全國各地引進琉球蘇鐵大量栽植，導致東昇蘇鐵小灰蝶在全國各普遍發生地，配合蘇鐵苗木及幼芽發育，迅速繁殖後代造成危害。雌蝶常留連於蘇鐵嫩芽上，以步行方式產卵，幼蟲體長 0.1～1.1 mm，頭小黑紫色，體寬扁，體背有細毛，體中央有一條深色的縱紋，兩側各有一條深色環狀縱紋，體色分淡黃色與棗紅兩種。幼蟲啃食鐵樹嫩葉與嫩莖，大量危害時，使蘇鐵無法行光合作用累積養分，造成蘇鐵生長受阻使樹勢衰弱（圖 6.54、圖 6.55）。

圖 6.54　危害嫩葉的幼蟲

圖 6.55　受害後之蘇鐵

貳拾伍、鐵刀木淡黃蝶

學名： *Catopsilia pomona* (Fabricius, 1775)

分類地位： 鱗翅目，粉蝶科。

寄主： 阿勃勒、鐵刀木、黃槐、翅果鐵刀木葉片為食。

發生危害： 淡黃蝶成蟲個體變化大，分銀紋型和無紋型兩種。生活在平地及低海拔，成蟲主要出現於春末至夏季，雌蝶穿梭樹林間採花蜜，雄蝶會在溪邊溼地集體吸水。卵是黃白色米粒形，表面有許多縱紋類似子彈形。幼蟲為綠色和葉片顏色相同而成保護色，身體體表有皺摺，側邊有一條黃色線條。幼蟲以豆科的鐵刀木、阿勃勒以及黃槐葉片為食，常將其羽狀複葉殘食只剩葉柄，嚴重發生時可見大量幼蟲在樹幹上向下爬行，在枝幹及葉背化蛹，蛹為綠色帶蛹（圖 6.56、圖 6.57）。日據時代於美濃地區廣植鐵刀木，恰巧為鐵刀木淡黃蝶幼蟲的食草，造成黃蝶的大量地繁衍。當成蟲羽化聚在溪邊飛舞時，而成就「黃蝶翠谷」的美名。但近年隨著棲地的破壞及鐵刀木的砍伐，黃蝶漫天飛舞的盛況已不復見。

圖 6.56　在樹幹上的幼蟲

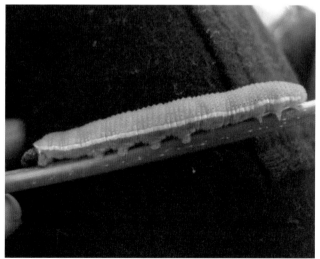

圖 6.57　在葉柄上的幼蟲

CHAPTER 7

鞘翅目害蟲

壹、星天牛

學名： *Anoplophora maculata* Thomson

分類地位： 鞘翅目，天牛科。

寄主： 有柑桔類、荔枝、龍眼、印度棗。

發生危害： 卵橢圓形，乳白色，約 3.5×1.7 mm 如米粒大，卵期 1～2 星期。幼蟲為乳白色，頭暗褐色，胸足退化。幼蟲蛀食皮層，危害初期造成樹液流出，有鋸屑狀的蟲糞排出（圖 7.1、7.2）。多隻危害時被害樹常易被風吹倒，至 8～9 月間，常因幼蟲在樹皮內繞食樹幹基部半周或一圈形成環狀剝皮而致全樹枯死。幼蟲成長兩個月後開始蛀入木質部危害。蛹為淺黃白色，裸蛹，觸角較長，體形與成蟲相似，長約 30 mm。成蟲（圖 7.3）體呈黑色有光澤，觸角長超過體長。前胸兩側有突出的角。足與翅鞘均有白色斑點所以稱為星天牛，體長約 24～40 mm。一年一世代，成蟲多出現於 4～9 月間，棲息於枝葉間，嚼食嫩枝及葉部。雌蟲在樹幹下部之樹皮咬一個丁字形裂縫，再產卵其中。

防治方法： 於 4～6 月間用 50% 速滅松或力拔山乳劑塗抹於樹幹基部，防止成蟲產卵。幼蟲發生時，用刀將樹幹表皮糞便挖出，洞處以棉花沾上述藥劑原液塞入再封口，或用鐵絲沿幼蟲蛀孔將幼蟲鉤出。

▍圖 7.1　幼蟲危害樹幹

▍圖 7.2　幼蟲危害樹幹

圖 7.3　天牛成蟲

貳、窄胸天牛

學名： *Philus antennatus* (Gyll.)

分類地位： 鞘翅目，天牛科。

寄主： 文旦柚、白柚等。

發生危害： 臺南區農改場於民國 91 年陸續發現此蟲，目前在麻豆鎮普遍發生。
雌蟲羽化交尾後將卵堆產於樹皮縫或鞘皮下，卵呈紡錘形，晶瑩透明之乳白
色。幼蟲孵化後 2～5 天即潛入地下（圖 7.4），危害柚子側根、主根之韌皮
部。根部被取食危害後，根部輸導功能受阻，水分、養分吸收能力降低。葉片
由深綠變黃綠色，開花延遲、提早成熟造成落果。最後樹勢衰弱，嚴重者整株
枯死。5 月梅雨時節為主要羽化時期，成蟲於日落後 7～8 點開始羽化出土，
8～10 點為羽化高峰。出土後即行交尾，產卵。成蟲不取食，雌雄夜間活動都
有趨光性，成蟲（圖 7.5）偏愛白色光，壽命短。雄成蟲交尾後死亡，雌成蟲
則於產卵後死亡。體色與前翅呈棕褐色，翅鞘具多條縱隆線及稍有光澤。

防治方法：

(1) 畦上鋪覆蓋物，打斷生活史。

(2) 誘蟲燈誘殺雌雄成蟲。

(3) 以處女雌蟲誘殺雄成蟲。

(4) 以報紙、瓦楞紙誘引產卵。

（臺南區農業改良場技術專刊，93-3，No.128）

圖 7.4 土中棲息之幼蟲

圖 7.5 窄胸天牛成蟲

參、桑天牛

學名： *Apriona rugicollis* Chevrolat

分類地位： 鞘翅目，天牛科。

寄主： 桑樹、構樹、無花果、柳樹、榆樹、蘋果、櫻桃、梨。

發生危害： 成蟲（圖7.6）體呈青褐色，腹面布有金黃色絨毛，觸角長約12節，前胸背板粗糙，兩側各有一個棘刺。翅鞘基部1/4處布滿點狀黑色瘤突，由於主要危害桑樹而得名。成蟲於夜晚及清晨產卵，在樹皮上咬一U形裂縫將卵產下，乳白色。幼蟲頭部黃褐色，前胸寬大，背板密生黃褐色短毛，和褐色刻點。幼蟲則在樹幹內打隧道，鑽孔危害，老熟幼蟲則在近根基部以土屑作蛹室化蛹在其內，蛹體初為淡黃色，後黃褐色。成蟲食害嫩枝皮和葉；幼蟲在枝幹的皮下和木質部內，由上往下蛀食，隧道內無糞屑，每隔一定距離向外蛀1排糞孔，排出大量糞屑，造成樹勢衰弱，嚴重時植株枯死（圖7.7）。在每年5月下旬羽化。一年發生一代，田間野桑及小葉桑，可為其寄生而提供良好的繁殖場所。

防治方法：

(1) 成蟲發生期及時捕殺成蟲，產卵盛期後挖卵和初齡幼蟲。

(2) 刺殺木質部內的幼蟲，找到新鮮排糞孔用細鐵絲插入，向下刺到隧道端，反覆幾次可刺死幼蟲。

圖7.6　桑天牛成蟲

圖7.7　幼蟲取食木質部之排糞孔

肆、松斑天牛

學名： *Monochamus alternatus* (Hope, 1842)

分類地位： 鞘翅目，天牛科。

寄主： 二葉松、琉球松、五葉松。

發生危害： 體長 21～30 mm。翅鞘由黑色、褐色、灰白色 3 種顏色混雜，形成花格狀小斑紋；雄蟲觸角較長。成蟲夜晚趨光。成蟲產卵於松樹樹皮下，1、2 齡於樹皮間取食發育。3 齡後開始鑽蛀進入木質部行甬道，老熟幼蟲建造蛹室並將羽化孔以木絲阻塞進行越冬，隔年春天才羽化為成蟲。成蟲以大顎向外咬出開口自由活動，羽化成蟲會以松樹嫩枝為食。若成蟲遭松材線蟲感染，此時線蟲藉機脫離天牛而從天牛嚙咬的傷口進入感染松樹。松樹染病後會引誘天牛前來產卵，如此周而復始感染更多的松樹。松材線蟲感染松樹，在輸導組織中繁殖，阻塞導管影響水分運輸，引起松樹急性萎凋病，造成整株枯死（圖7.8、圖 7.9）。

圖 7.8　幼蟲危害樹幹

圖 7.9　被松材線蟲危害植株乾枯

伍、青銅金龜

學名： *Anomala expansa* Bates（臺灣青銅金龜）

Anomala cupripes Hope（赤腳青銅金龜）

分類地位： 鞘翅目，金龜子科。

寄主： 黑板樹、芒果、蓮霧、葡萄、臺灣欒樹。

發生危害： 臺灣青銅金龜（圖 7.10）：成蟲體橢圓形，翅鞘呈金綠色有細微點刻，腹面暗黃銅色頗平滑，足青紫色。翅鞘後端之側緣作翼狀伸展，雄蟲尤為明顯，長約 2.2〜2.7 cm。赤腳金銅金龜（圖 7.11）：與青銅金龜極為相似，但翅鞘後端之側緣部不作翼狀之伸張，且前胸背之後緣，不如青銅金龜向後彎曲之甚，體長 2〜3 cm。成蟲常在 4〜8 月間出現，其中以 5〜7 月為發生盛期，卵散產於富含腐植質之土中，卵經過 13〜19 日孵化，幼蟲以腐植質為食，於堆肥中常可發現幼蟲，施用堆肥時也常將幼蟲一起帶入田中。幼蟲在土中越冬至隔年 3〜5 月化蛹。成蟲日夜均活動，有趨光性，在誘蟲燈下常可誘集到大量成蟲。成蟲啃食嫩梢或嫩葉，致使新梢無法生長，且常 2〜5 隻成蟲集中取食，致使新葉被啃盡而僅剩枝條殘存（圖 7.12），危害部分並有長條形之排泄物汙染。白點花金龜之成蟲尚可危害黃熟果，導致失去商品價值。

防治方法：

(1) 以燈光誘集成蟲。

(2) 於堆肥或中耕時發現幼蟲必須捕殺。

(3) 施用 85% 加保利可溼性粉劑 1,700 倍稀釋液時，可同時防治檬果葉蟬（陳文雄、張煥英，1995，興農316期，53頁）（以防檢局公告之藥劑為準）。

圖 7.10　臺灣青銅金龜

圖 7.11　赤腳青銅金龜

圖 7.12　金龜子成蟲危害小葉欖仁樹

陸、椰子犀角金龜

學名： *Oryctes rhinoceros* Linnaeus

分類地位： 鞘翅目，金龜子科。

寄主： 可可椰子。

發生危害： 成蟲長約 38～50 mm，頭部背面有一犀角狀突起而得名，雄蟲較雌蟲長且向後彎曲（圖 7.13、圖 7.14）。是國內可可椰子重要害蟲之一，成蟲產卵於腐植堆，如堆肥或枯腐之椰樹幹中，幼蟲以腐植質為食，化蛹於幼蟲棲息地（圖 7.15）。成蟲羽化後於椰子樹危害，成蟲在椰樹頂端葉柄基部或靠近生長點的柔軟組織取食危害（圖 7.16）。並作不規則之洞窟，被害部常因風吹而折斷。若傷及心葉則無新葉抽出，而使樹株枯死。或心葉展開以後小葉呈鋸齒狀修剪。當頂端枯死樹幹腐朽又成為雌蟲產卵之棲所，重複循環其危害史。蛹為裸蛹，黃褐色，用腐植質作繭化蛹。

防治方法：

(1) 清除堆肥或枯死椰幹。

(2) 鉤殺成蟲。

(3) 5% 安丹粒劑於心葉上，每株 20～40 公克，將藥劑均勻撒布心葉之葉脈，輕微或中等被害地區，每 3 個月處理一次，被害嚴重地區，則 2 個月施藥一次（以防檢局公告之藥劑為準）。

圖 7.13　雌成蟲

圖 7.14　雄成蟲

圖 7.15　在腐植質中之幼蟲

圖 7.16　枯腐之椰子樹幹

CHAPTER 8

膜翅目害蟲及其他害蟲

壹、樟樹葉蜂（樟綠葉蜂）

學名： *Moricella rufonota* Rohwer

分類地位： 膜翅目，葉蜂科。

寄主： 樟樹。

發生危害： 雌蟲體長約 0.8～1.0 cm，雄蟲體長 0.6～0.8 cm。頭、腹黑色有光澤，胸橙褐色，翅淺褐色。幼蟲頭腳黑色，身體呈綠色至黃綠色，無腹足，全身多皺紋。前 3 節散布黑色小點。在中國大陸 1 年發生 1～7 代，臺灣代數較少。樟綠葉蜂各代各有一些蟲滯育，滯預期有數週至 1 年以上。幼蟲喜食嫩葉、嫩梢，1 齡幼蟲取食葉肉，留下表皮。2 齡以後嚙食全葉，以胸足握葉取食，由於無腹足，常捲曲身體；幼蟲體上具有黏液，故可側身黏附在葉片上。隨發育齡期增加，食量大增常將整株樟樹的葉子啃食殆盡，於樹下留下大量糞便，對樟樹構成嚴重危害（圖 8.1、圖 8.2）。當蟲體縮短變黃時，即將結繭化蛹。成蟲白天羽化，活躍、飛行能力強，夜間靜伏不動。近年在臺灣東部地區，時有大發生危害。

防治方法：

(1) 捕殺群棲於枝葉上之幼蟲。

(2) 噴灑 50% 加保利可溼性粉劑 500 倍防除之（以防檢局公告之藥劑為準）。

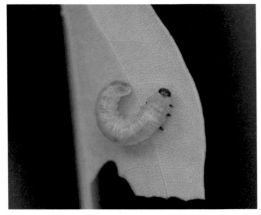 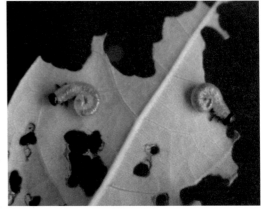

圖 8.1　樟樹葉蜂老熟幼蟲　　　圖 8.2　樟樹葉蜂幼蟲啃食葉片

貳、杜鵑三節葉蜂

學名： *Arge similis* Vollenhovem

分類地位： 膜翅目、廣腰亞目，三節葉蜂科。

寄主： 杜鵑花、五月紅、雲錦杜鵑、西洋杜鵑等。

發生危害： 成蟲觸角 3 節，體為深藍色，略帶金屬光澤之中型蜂類（圖 8.3）。雌蟲鋸狀的產卵管切開葉肉，產卵於杜鵑屬植物葉背邊緣之組織中，產卵處的組織則變為黃褐色呈點狀排列。幼蟲頭橙色、體黃綠色，胸部 3 對足，腹部無原足，體表布有瘤狀突起（圖 8.4）。幼蟲孵化後於心葉處，大肆囓食葉片，造成圓弧狀缺口，最後僅留下主脈。危害嚴重時往往將葉片取食殆盡，留下滿地的蟲糞，造成植物翌年無法開花，影響花卉生產和觀賞價值。以老熟幼蟲在淺土層或落葉中結繭越冬，翌年 4 月化蛹和羽化。

圖 8.3 杜鵑三節葉蜂成蟲

圖 8.4 杜鵑三節葉蜂幼蟲

參、刺桐釉小蜂

學名： *Quadrastichus erythrinae*

分類地位： 膜翅目，釉小蜂科。

寄主： 刺桐、火紅刺桐、黃脈刺桐、珊瑚刺桐及雞冠刺桐。

發生危害： 2000～2003 年間入侵臺灣的外來種昆蟲。成蟲產卵於新葉葉片、葉柄、芽與嫩枝部分，幼蟲於植物組織內造癭刺激組織增生膨大產生明顯外突腫脹，嚴重時呈現捲曲與落葉現象，甚至造成植株死亡（圖 8.5、圖 8.6）。其散播主要依賴成蟲飛行分散產卵危害。生活期很短，1 年有多個重複的世代，成蟲常在植株附近飛行，蟲體極微小。雌蟲體型較大，體色較深有黃色斑塊；雄性體色較淺具白色斑塊。雌蟲的生殖力很強，通常一旦出現感染，短時間內便擴散到全株。由於危害新葉，植株無法行光合作用，經年危害後樹勢衰弱，最後造成植株死亡。

防治方法：

(1) 於胸部高度利用鑽孔機（直徑 1 cm），由外向內採 45 度角，鑽 10 cm 深。胸徑 20 cm 鑽兩洞；每超過 5 cm 再加一洞。滴入 9.6% 益達胺液劑 5 ml，再將洞口封閉，使藥劑移行。

(2) 在根部施用移行性藥劑，如：好年冬粒劑（可參考 YouTube 刺桐釉小蜂藥劑注射標準流程）。

圖 8.5　葉片及葉柄形成蟲癭

圖 8.6　成叢的蟲癭

肆、荔枝銹蜱

學名： *Aceria litchii* Keifer

分類地位： 絨蟎目，節蜱科。

寄主： 荔枝、龍眼。

發生危害： 成蟲體細長，大小約 0.16×0.04 mm 之柔軟胡蘿蔔形，體淡黃白色，足 2 對生於體前方，胴部多環節狀之皺摺，而被稱為節蜱（圖 8.7）。年生 10 餘代，一般於春天發生最多。成蜱於冬季在葉背或樹皮間隙越冬，3、4 月春暖時潛移至嫩葉背部危害，造成眾多黃綠色毛絨狀蟲癭。若蜱潛入癭內危害，吸收葉的汁液，刺激葉片向上凸出，致葉片腫脹、歪縮扭轉阻礙發育，故早期有腫葉病（圖 8.8）。後期此毛絨狀物變暗褐色，使葉片捲曲呈畸形，發生嚴重時，花穗及幼果也被寄生而腫脹，影響果實發育。

防治方法： 發生嚴重地區於嫩稍抽出時開始施藥，噴灑 35% 滅加松乳劑 1,000 倍稀釋液，7～10 天後再施藥一次（以防檢局公告之藥劑為準）。

圖 8.7　銹蜱（節蜱）

圖 8.8　造成葉片腫脹變形

參考文獻

王庭碩、董景生、楊恩誠、楊曼妙。2011。以樹幹注射法防治老樹之刺桐釉小蜂。台灣昆蟲。31:281-286。

王清玲、林鳳琪。1997。台灣花木害蟲。財團法人豐年社。264 頁。

付浪、賈彩娟、溫健、陳科偉。2015。杜鵑三節葉蜂生物學特性及其發生規律研究。環境昆蟲學報。(5):1043-1048。

伍建芬、黃增和、溫瑞貞。1982。樟葉蜂的生物學和防治。昆蟲學報。1 期。

行政院農業委員會高雄區農業改＋良場。棉絮粉蟲 http://www.kdais.gov.tw/news/n100069.pdf

吳文哲、石憲宗。2010。農業重要昆蟲科、亞科及物種之幼蟲期形態與生態。行政院農業委員會動植物防疫檢疫局、國立臺灣大學昆蟲學系、行政院農業委員會農業試驗所出版，臺北市。316 頁。

李大維。2006。大坑蝴蝶生態教育區蝶相調查研究。特有生物研究保育中心。8(1):13-25。

周文一。2008。臺灣天牛圖鑑。貓頭鷹出版社。

林明瑩、陳昇寬、張煥英。2004。柑桔窄胸天牛（*Philus antennatus*）之形態與發生調查。植物保護學會會刊。46 卷 2 期，177-180 頁。

林明瑩、陳昇寬、黃秀雯、張淳淳。2011。新入侵害蟲～木瓜秀粉介殼蟲。臺南區農業專訊。77 期，10-12 頁。

林政行。1997。臺灣八種天蛾幼蟲之形態與生活史。臺灣省立博物館半年刊。50 卷 1 期。67-76 頁。

林珪瑞。2002。臺灣和中國大陸果樹害蟲名錄。163 頁。行政院農業委員會農業試驗所編印。

邱俊禕、李後鋒、楊曼妙。2010。黑翅土白蟻在台灣的地理分布與婚飛季節。台灣昆蟲。30: 193-202。

施錫彬。2003。蘇鐵白輪盾介殼蟲之族群變動及藥劑防治研究。行政院農業委員會桃園區農業改良場研究彙報。第 52 號：15-26。

施禮正、林旭、蔡明哲。2011。窗外的邂逅──茄苳斑蛾的一生。自然保育季刊。74期，20-24頁。

范義彬、趙榮台。1994。臺北市北區行道樹植食性昆蟲調查。行政院農業委員會林業試驗所研究報告季刊。9卷3期，281-286。

范義彬、魯丁慧。2000。工業區綠化樹種常見害蟲彩色圖鑑。行政院農業委員會林業試驗所林業叢刊。第125號。223頁。

翁振宇、陳淑佩、周樑鎰。1999。臺灣常見介殼蟲圖鑑。行政院農業委員會農業試驗所。98頁。

張念台。2002。植物防疫檢疫重要薊馬類害蟲簡介。植物重要防疫檢疫害診斷鑑定研習會專刊（二）。35-96頁。

教育部防治外來入侵種及植物病蟲害電子報。新興害蟲棉絮粉蝨。http://health.forest.gov.tw/fhsnc/sites/all/files/fan_shi_liu_- mian_xu_fen_shi_-1.pdf

許洞慶、柯俊成。2003。重要防疫檢疫蚜蟲類害蟲簡介。植物重要防疫檢疫害蟲診斷鑑定研習會專刊（三）。55-62頁。

陳仁昭。2002。臺灣大陸兩地常見果樹害蟲對照表。893頁。屏東科技大學植物保護系編。

陳建志、楊平世、范義彬、何逸民。1998。金門國家公園昆蟲相調查研究。金門國家公園管理處委託研究報告。

陳淑佩、翁振宇、吳文哲。2003。重要防疫檢疫介殼蟲類害蟲簡介。植物重要防疫檢疫害蟲診斷鑑定研習會專刊（三）。1-54頁。

陶家駒。1966。柑橘害蟲。154-156頁。臺灣植物保護工作（昆蟲篇）。

植物保護光碟。行政院農業委員會。農業試驗所。https://web.tari.gov.tw/techcd/

費雯綺、王喻其、陳富翔、林曉民、李貽華。2010。植物保護手冊。行政院農業委員會農業藥物毒物試驗所。963頁。

馮豐隆、李宣德。2009。台灣之樟樹資源現狀與展望。生物科學。51: 37-51。

黃明樹、留淑娟。2006。犀角金龜的飼育方法探討。自然保育季刊。56期，41-46頁。

黃振聲。1987。荔枝龍眼主要蟲害及防治。26頁。行政院農業委員會農業試驗所

編印。

黃馨瑩、吳宜穗、董景生。2011 刺桐釉小蜂（Quadrastichus erythrinae Kim）的產卵選擇與造癭偏好。台灣昆蟲，31:67-73。

黃讚。1967。荔枝銹蟬之形態特徵及其爲害消長觀察。植物保護學會會刊。9 (3-4): 35-46。

溫宏治、吳文哲。2011。番石榴主要害蟲之生態與防治。行政院農業委員會臺中區農業改良場特刊。23 頁。

臺北市政府工務局公園路燈工程管理處。http://tcgwww.taipei.gov.tw/ct.asp?xItem=140493&CtNode=8973&mp=106011#02

顏仁德。2003。談老樹的保育。臺灣林業。29(5):3-10。

羅幹成、邱瑞珍。1986。臺灣柑橘害蟲及其天敵圖說。臺灣省農業試驗所特刊。20:29-31。

羅幹成、陶家駒。1966。臺灣柑橘球粉介殼蟲之天敵。農業研究。15(4):53-56。

羅幹成、陶家駒。1966。臺灣柑橘球粉介殼蟲之天敵。農業研究。15: 53-56。

羅幹成。1997。害蟲生物防治之回顧與展望。植物保護學會會刊。39:85-109。

羅幹成。1997。捕食性天敵在臺灣的利用與展望。中華昆蟲特刊。10:57-65。

羅幹成。2003。球粉介殼蟲。植物保護圖鑑系列 9─柑橘保護，25-28 頁。防檢局。臺北。378 頁。

顧茂彬、陳佩珍。1986。鳳凰木夜蛾的初步研究。林業科學。

Aguiar, A. M. F. and M. T. Pita. 1995. Contribution to the knowledge of the whiteflies (Homoptera: Aleyrodidae) from Madeira island. Bol. Mus. Mun. Funchal 4: 285-309.

Citrus Insects. College of Agriculture & Life Sciences. The University of Arizona. http://cals.arizona.edu/crops/citrus/insects/citrusinsect.html

Linhua Sha, Lin Chen, Xiangyue Luo, Jianhu Xu, Xiudong Sun. 2018. Research Progress on Biological Characteristics of *Heortia vitessoides* Moore. World Journal of Forestry. Vol. 07 No. 01, 3 pp.

Mound, L. A., and S. H. Halsey. 1978. Whitefly of the World: A Systematic Catalogue

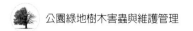
of the Aleyrodidae (Homoptera) with Host Plant and Natural Enemy Data. British Museum (Natural History), London. 340 pp.

Salinas, M. D., A. C. Sumalde, V. J. Calilung and N. B. Bajet. 1996. Life history, seasonal abundance, host range and geographical distribution of the woolly whitefly, *Aleurothrixus floccosus* (Maskell) (Homoptera: Aleyrodidae). Philipp. Entomol. 10(1): 67-89.

索引

夾竹桃天蛾（*Daphnis nerii*）

把握足（Holding legs）

材部共有孔（Wood family-gallery）

杜鵑三節葉蜂（*Arge similis* Vollen-hovem）

杜鵑軍配蟲（杜鵑花花編蟲）　*Stephanitis pyrioides* Scott

步行足（Running or walking legs）

沒食子蜂科（Cynipidae）

秀粉介殼蟲（*Paracoccus marginatus*）

角蟬科（Membracidae）

豆娘科（Doenagriidae）

赤腳青銅金龜（*Anomala cupripes* Hope）

八畫

刺桐釉小蜂（*Quadrastichus erythrinae*）

刺粉蝨（*Aleurocanthus spiniferus*）

受精囊交尾囊（Bursa copulatrix）

咖啡木蠹蛾（*Zeuzera coffeae* Nietner）

夜蛾科（Noctuidae）

放射孔（Radiate gallery）

東昇蘇鐵小灰蝶（*Chilades pandava peripatria*）

松斑天牛（*Monochamus alternatus*）

玫瑰蚜蟲（*Rhodobium porosum* Sanderson）

盲椿象科（Miridae）

直翅目（Orthoptera）

芬普寧（Fenpropa-thrin）

金花蟲科（Chrysomelidae）

金龜子科（Scarabaeidae）

長梯形孔（Long ladder-gallery）

附屬器（Accessory appendages）

青黃枯葉蛾（*Trabala vishnou guttata*）

削葉狀（Schabefrass）

扁平狀（Platzminen）

星天牛（*Anoplophora maculata* Thomson）

柏大蚜（*Cinara tujafilin*a del Guercio）

柑毒蛾（*Dasyhira mendosa* Hübner）

柑橘木蝨（*Diaphorina citri* Kuwayama）

柑橘潛葉蛾（*Phyllocnistis citrella* Stainton）

九畫

毒蛾科（Lymantriidae）

盾介殼蟲科（Diaspididae）

紅姬緣椿象（*Leptocoris augur*）

紅蠟介殼蟲（*Ceroplastes rubens* Maskell）

茄冬斑蛾（*Histia flabellicornis ultima*）

茄苳白翅葉蟬（*Thaia subrufa* Motschulsky）

軍配蟲科（Tingitidae）

十畫

埃及吹綿介殼蟲（*Icerya aegyptiaca* Douglas）

國家圖書館出版品預行編目資料

公園綠地樹木害蟲與維護管理／唐立正編著.
-- 初版. -- 臺北市：五南，2020.10
　面；　公分
ISBN 978-986-522-219-2（平裝）

1.樹木病蟲害

436.34　　　　　　　　　　109012787

5N32

公園綠地樹木害蟲與維護管理

作　　者 ― 唐立正

發 行 人 ― 楊榮川

總 經 理 ― 楊士清

總 編 輯 ― 楊秀麗

主　　編 ― 李貴年

責任編輯 ― 何富珊

封面設計 ― 王麗娟

出 版 者 ― 五南圖書出版股份有限公司

地　　址：106台北市大安區和平東路二段339號4樓

電　　話：(02)2705-5066　傳　真：(02)2706-6100

網　　址：http://www.wunan.com.tw

電子郵件：wunan@wunan.com.tw

劃撥帳號：01068953

戶　　名：五南圖書出版股份有限公司

法律顧問　林勝安律師事務所　林勝安律師

出版日期　2020年10月初版一刷

定　　價　新臺幣350元

經典永恆・名著常在

五十週年的獻禮 —— 經典名著文庫

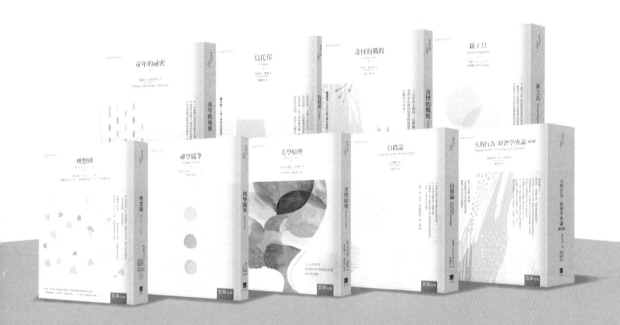

五南，五十年了，半個世紀，人生旅程的一大半，走過來了。

思索著，邁向百年的未來歷程，能為知識界、文化學術界作些什麼？

在速食文化的生態下，有什麼值得讓人雋永品味的？

歷代經典・當今名著，經過時間的洗禮，千錘百鍊，流傳至今，光芒耀人；

不僅使我們能領悟前人的智慧，同時也增深加廣我們思考的深度與視野。

我們決心投入巨資，有計畫的系統梳選，成立「經典名著文庫」，

希望收入古今中外思想性的、充滿睿智與獨見的經典、名著。

這是一項理想性的、永續性的巨大出版工程。

不在意讀者的眾寡，只考慮它的學術價值，力求完整展現先哲思想的軌跡；

為知識界開啟一片智慧之窗，營造一座百花綻放的世界文明公園，

任君遨遊、取菁吸蜜、嘉惠學子！